Anton Rieppel

Die Thalbrücke bei Müngsten

Die Müngstener Brücke

Anton Rieppel

DIE THALBRÜCKE BEI MÜNGSTEN

Eine technik-historische Reprintdokumentation
aus der Zeitschrift des Vereins Deutscher Ingenieure
im Jahre 1897

Einführung
Ernst Werner

KLASSIKER DER TECHNIK

VDI VERLAG

CIP-Kurztitelaufnahme der Deutschen Bibliothek

Rieppel, Anton:
Die Thalbrücke bei Müngsten: e. technik-histor. Reprintdokumentation aus d. Zeitschrift des Vereins Deutscher Ingenieure im Jahre 1897; [vorgetragen in d. XXXVIII. Hauptversammlung d. Vereins Dt. Ingenieure zu Cassel am 14. Juni 1897] / Anton Rieppel. - Erstmaliger Reprint / Einf. Ernst Werner. - Düsseldorf: VDI-Verlag, 1986.
(Klassiker der Technik)
ISBN 3-18-400762-6

Erstmaliger Reprint einer Folge von Beiträgen aus der Zeitschrift des Vereins Deutscher Ingenieure im Jahre 1897, vorgetragen in der XXXVIII. Hauptversammlung des Vereins Deutscher Ingenieure zu Cassel am 14. Juni 1897.

Die Einführung zur Reprintausgabe schrieb
Prof. Dr.-Ing. Ernst Werner, Universität Gesamthochschule Essen.

Fotos: Joachim Hasenpflug (Umschlagbild),
Landeskonservator Rheinland, Bonn.

Die Reihe »Klassiker der Technik« wird von C. G. Schmidt-Freytag betreut.

Gesamtherstellung: Boss-Druck, Kleve
ISBN 3-18-400762-6

EINFÜHRUNG

Ernst Werner

Die bedeutende Stellung der Müngstener Brücke erfährt eine Betonung, wenn man versucht, sie in den Zusammenhang der Entwicklung des Brückenbaus hineinzustellen. Dazu kann hier nur ein kurzer Überblick gegeben werden, wobei eine Beschränkung auf die eisernen Brücken erfolgt.

Gußeiserne Brücke über den Severn (1779).

Die erste eiserne Brücke, die einem bedeutenden Verkehrsnutzen diente, ist die heute noch existierende und 1779 fertiggestellte Bogenbrücke von Coalbrookdale über den Severn. Eisen war bis dahin einfach viel zu kostbar, um großen Eingang im Bauwesen zu finden. Lange Zeit konnte auch die Eisenerzeugung nicht gesteigert werden, weil auch die Erzeugung von Holzkohle begrenzt war. Erst um 1735 gelang es in England, Eisen mit Steinkohlenkoks zu erschmelzen. Damit konnte dann eine Ausweitung der Eisenerzeugung einsetzen. Es dauerte aber fast noch ein halbes Jahrhundert, bis dann diese erste eiserne Brücke erbaut wurde.

Sieht man von einer verkleinerten Kopie der Coalbrookdale-Brücke ab, die 1791 im Schloßpark zu Wörlitz errichtet wurde, dann wurde die erste eiserne Brücke Deutsch-

Gußeiserne Bogenbrücke über das Striegauer Wasser (1796)

lands – ebenfalls eine Bogenbrücke – 1796 über das Striegauer Wasser bei Laasan in Niederschlesien erbaut. Bis vor kurzem war über das Schicksal dieser Brücke nichts in Erfahrung zu bringen. Anfragen bei den dortigen Behörden waren ohne Erfolg. Frau Waltraud Grimm teilt nunmehr in einer kleinen Veröffentlichung (Endlich aufgeklärt: Das Ende der Laasaner Brücke), erschienen in Heft 2/85 der Stahlbau-Nachrichten des Deutschen Stahlbau-Verbandes, mit, daß diese Brücke im Februar 1945 zerstört wurde. Erst nach 1820 folgten in Deutschland weitere Brücken aus Eisen. Zwischen dieser ersten deutschen eisernen Brücke und der Brücke von Müngsten liegen also knappe 100 Jahre.

Diese ersten eisernen Bogenbrücken waren aus Gußeisen. Sie folgten den erprobten und gewohnten Formen der steinernen Bogenbrücken und dies nicht aus Trägheit im Konzeptionellen, sondern weil Gußeisen und Stein ähnliche Festigkeitseigenschaften haben. Beide sind auf Druck gut beanspruchbar, während sie auf Zug eine nur unwesentliche Festigkeit aufweisen. In den Bogentragwerken treten aber nur Druckkräfte auf.

Die Kräfte werden aber bei den eisernen Brücken nicht über die ganze Fläche des Bogenquerschnittes übertragen. Die gegenüber Stein sehr viel größere Festigkeit des Eisens gestattet es, diesen Werkstoff auf einige wenige Linien zu konzentrieren. Durch diese werden dann die Kräfte abgeleitet. Diese filigrane gitterförmige Struktur war die von der Verwendung des Eisens herrührende Veränderung der sonst dem Grunde nach übernommenen Bogenform.

Die sich sprunghaft ausbreitende Eisenbahn erforderte den schnellen Bau stark belastbarer Brücken über immer größere Hindernisse. Straßen und Wege konnten sich dem

Gelände nach weitgehend anpassen. Trassen und Gradienten der Eisenbahn waren und sind nur begrenzt variabel. Die Eisenbahn gab daher entscheidende Impulse für den Bau von Brücken.

Auch die ersten eisernen Eisenbahnbrücken waren noch aus Gußeisen. Die mangelnde Eignung von Gußeisen beim Bau von Brücken unter Eisenbahnen wurde durch folgenschwere Einstürze deutlich. Auch so berühmte Fachleute wie Stephenson Vater und Sohn blieben davon nicht verschont. Noch 1846 wurde in Deutschland vor Eisenbrücken gewarnt, denn die bisherigen Erfahrungen seien noch zu gering. Wahrscheinlich spielten hier die Einstürze von aus Gußeisen gebauten Brücken eine wesentliche Rolle.

Um die Mitte des vergangenen Jahrhunderts hat sich dann das Schweißeisen über das Gußeisen im Brückenbau durchgesetzt. Eine entscheidende Rolle spielten dabei die von Robert Stephenson (1803–1859), dem Sohn des Eisenbahningenieurs George Stephen-

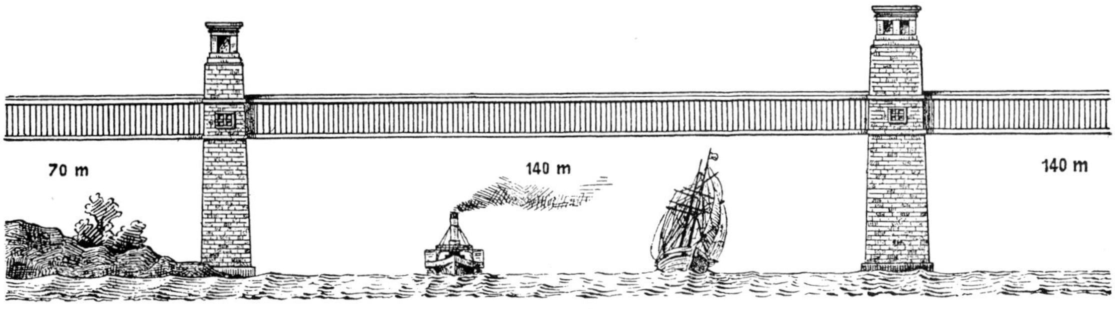

Britannia Röhrenbrücke über die Menaistraße (1850)

son (1781–1848) erbauten Röhrenbrücken. Die bei den Vorstudien von Hodgkinson (1789–1861) und Fairbairn (1789–1874) angestellten Versuche und Untersuchungen erwiesen die Unzulänglichkeit des Gußeisens in überzeugender Weise. Stephenson entschloß sich daraufhin, den Conway und die Meerenge von Menai mit einer schmiedeeisernen Röhrenbrücke zu überqueren (1846–1850). Damit war sowohl die Überlegenheit des Schmiedeeisens erwiesen als auch erwiesen, daß große Hindernisse auch durch weitgespannte Balkenbrücken zu überwinden sind. Das war eine entscheidende Tat, die den Eisenbrückenbau bedeutend beeinflußt hat.

Hier eine kurze erklärende Einschaltung zu den unterschiedlichen Eisenwerkstoffen, soweit sie in dieser Darstellung vorkommen:

Als die Eisenverhüttung noch bei niedrigen Temperaturen erfolgte, fiel das Eisen in teigigen Klumpen, den sogenannten Luppen, an. Durch Schmieden wurden diese Klumpen durchgeknetet. Dabei gelangten die Verunreinigungen immer wieder an die Oberfläche und verbrannten dort mit dem Luft-Sauerstoff vermöge der hohen Temperatur. Das auf diese Art gewonnene Eisen wird Schweißeisen genannt, ist schmiedbar, also mechanisch verformbar.

Bei höheren Temperaturen fällt bei der Eisenerzverhüttung Eisen in flüssiger Form an, das sogenannte Roheisen. Es ist durch seinen hohen Gehalt an Kohlenstoff spröde, erstarrt ohne Übergang und ist nicht schmiedbar. Das Roheisen nennt man Gußeisen, falls es bereits durch die formgebende Arbeit des Schmelzens und Gießens zur gewollten Form verarbeitet wird.

Wenn nun dem Roheisen Kohlenstoff entzogen wird, so entsteht ebenfalls ein schmiedbares Eisen.

1784 erfand in England H. Cort das Puddle-Verfahren. Durch ständiges Umrühren des flüssigen Eisens wurde auch hier der Kohlenstoff mit dem Luft-Sauerstoff in Berührung gebracht, wodurch er verbrannte. Die Entkohlung zeigte sich an dem Teigigwerden der Eisenmasse, da kohlenstoffarmes Eisen eine höhere Schmelztemperatur erfordert als Roheisen. Die Masse wurde zu teigigen Luppen zusammengeknetet. Durch weiteres mechanisches Bearbeiten werden noch enthaltene Verunreinigungen ausgeschmiedet. Auch solches Eisen nennt man Schweißeisen.

Mitte des vergangenen Jahrhunderts kam H. Bessemer (1813–1898) auf die Idee, durch bloßes Einleiten von Luft in das flüssige Roheisen, diesem die Unreinheiten zu entziehen. Auf dieses Windfrischverfahren erhielt er 1855 die ersten Patente. Dieses Verfahren leitete die Massenherstellung von schmiedbarem Eisen ein. Das so entstandene Eisen nennt man Flußeisen.

Während das Bessemer-Verfahren darauf ausgerichtet ist, phosphorarme Erze zu verarbeiten, so zielt das runde zwanzig Jahre später ersonnene und im Prinzip ähnliche Thomas-Verfahren darauf ab, die phosphorreichen Erze verarbeitbar zu machen.

Waren diese so entstandenen schmiedbaren Eisen härtbar, so nannte man sie
Schweißstahl statt Schweißeisen
und
Flußstahl statt Flußeisen.

Zusammengefaßt also:

Roheisen	und das daraus abgeleitete Gußeisen nur durch Gießen verformbar, nicht schmiedbar.	
Schmiedeeisen	schmiedbar, aber nicht härtbar, gewonnen aus teigigen Luppen: Schweißeisen, gewonnen aus flüssigem Roheisen: Flußeisen.	
Stahl	schmiedbar und härtbar, gewonnen aus teigigen Luppen: Schweißstahl, gewonnen aus flüssigem Roheisen: Flußstahl	
Kohlenstoffgehalte	Roheisen und Gußeisen	2,20–5,00%
	Schmiedeeisen	0,03–0,40%
	Stahl	0,40–2,20%

Heute sind diese Bezeichnungen nicht mehr gebräuchlich. Alles ohne Nachbehandlung schmiedbare Eisen wird heute unter dem Begriff Stahl zusammengefaßt.

Das deutsche Gegenstück zu den englischen Röhrenbrücken waren die Gitterbrücken. Gegenüber dem geschlossenen Röhrenquerschnitt war der Bedarf an Eisen geringer, zudem konnten die einzelnen Elemente kleiner sein. So große Bleche wie sie für die Röhrenbrücken eingebaut wurden, konnten in Deutschland damals nicht gewalzt werden.

Das markiert auch den wesentlichen Unterschied, den die technische Entwicklung in England und Deutschland genommen hat. In England begann die Technisierung eben nicht mit der Eisenbahn. Die Eisenbahn tauchte dort erst auf, als ein gewisses Maß an technischer und industrieller Entwicklung bereits eingetreten war. In Deutschland jedoch steht die Eisenbahn dahingegen als Auslöser der technischen und industriellen Entwicklung und demzufolge konnte sie auf einen für sie wichtigen Fundus technischen und industriellen Könnens nicht immer zurückgreifen.

Die ersten deutschen eisernen Großbrücken, die als Gitterbrücken gebaut wurden, sind die über die Weichsel bei Dirschau, erbaut um 1850 bis 1857 und die über den Rhein in Köln, erbaut zwischen 1855 und 1859.

Nachdem das Gußeisen als Werkstoff für eiserne Brücken nicht mehr infrage kam, trat der Bogen als Tragsystem zunächst lange Zeit in den Hintergrund. Die Balkenbrücken, ob zunächst als Gitterbrücken oder später als Fachwerkbrücken mit geradem oder gekrümmtem Obergurt, beherrschten das Feld. Dies hing auch mit dem Stand der statischen Theorien zusammen. Erst als diese Theorien auch die Behandlung der statisch unbestimmten Systeme ermöglichten, zu denen auch der Bogen ohne Gelenke gehört, gewannen die Bogentragwerke wieder die Sympathie der Fachleute. Zudem gaben ästhetische Gesichtspunkte den Anstoß zum Gebrauch des Bogentragwerks, insbesondere bei Brücken in besonderer landschaftlicher Lage.

Die aus statischen Gründen oft gewählte Ausführung des Bogens mit Gelenken, stellt eine weitere, allerdings wohl nur für den Fachmann bemerkenswerte Abänderung des aus dem Massivbau herkommenden Bogens dar. So gesehen hat der Gebrauch des Eisens beim Bau von Brücken erstmals nach vielen Jahrhunderten eine Veränderung des Tragsystems Bogen möglich gemacht.

Unter den großen Bogenbrücken des 19. Jahrhunderts in Deutschland ist die Lagerung mit Kämpfergelenken nur einmal verlassen worden, und zwar hier an der Müngstener Brücke. Das hat seinen Grund in dem Umstand, daß ein gelenkloser Bogen dreifach statisch unbestimmt ist, wodurch die statische Berechnung an sich schwieriger und umständlicher wird und zudem Temperaturänderungen und Widerlagerverschiebungen das ganze Tragwerk stärker beeinflußen. Auch können durch die Art der Montage Kräfte in den einzelnen Gliedern des Tragwerkes auftreten, mit denen beim fertigen Tragwerk nicht zu rechnen ist.

Hinzu kommt, daß bis in die zweite Hälfte des 19. Jahrhunderts die statischen Theorien nur die Behandlung statisch bestimmter Systeme gestatten. Erst in den siebziger Jahren wurden Theorien bekannt, mit deren Hilfe auch statisch unbestimmte Systeme zu behandeln waren. Erst 1868 erscheinen die Arbeiten von Winkler über die Berechnung von Bogenbrücken. Auch die in diese Zeit fallende Entwicklung der grafischen Statik durch W. Ritter erleichterte die Behandlung statisch unbestimmter Systeme. Sie gewannen die Aufmerksamkeit der Fachleute, die sich fortan sehr mit ihnen beschäftigen. Dennoch stand man in Deutschland lange Zeit dem gelenklosen Träger ablehnend gegenüber. Am beliebtesten war der Bogen mit zwei Gelenken, also mit je einem an jedem Kämpfer. Dieses lediglich einfach statisch unbestimmte System war an sich noch einfach zu erfassen.

Es mag an dieser Stelle dem Verständnis dienen, den Begriff der statischen Unbestimmtheit kurz zu erläutern:

> Jedes Tragwerk hat unter einer bestimmten Belastung ganz bestimmte Auflagerkräfte. Diese sind aber zunächst unbekannt. Erst wenn diese ermittelt sind, kann man bei einem Fachwerk-Tragsystem an die Ermittlung der Stabkräfte und bei einem Biegeträger-Tragwerk an die Ermittlung der Schnittgrößen gehen.

Es kommt also darauf an, die unbekannten Auflagerkräfte zu bestimmen. Nun gebraucht man aber nach den Gesetzen der Algebra genau so viele Gleichungen wie es Unbekannte gibt. Diese Gleichungen liefern zunächst die auf den Newtonschen Axiomen (Newton: 1642–1727) beruhenden Gleichgewichtsbedingungen. Für ein mit zulässiger Vereinfachung in der Ebene darstellbares Tragsystem gibt es drei Gleichgewichtsbedingungen.

Wenn nun die Anzahl der Auflagerreaktionen gleich drei ist und damit gleich der Anzahl der zur Verfügung stehenden Gleichgewichtsbedingungen ist, dann ist das System statisch bestimmt. Übersteigt die Anzahl der Auflagerreaktionen die Anzahl der Gleichgewichtsbedingungen, so ist das System statisch unbestimmt. Es ist beispielsweise zweifach statisch unbestimmt, wenn es fünf Auflagerreaktionen, also zwei mehr als Gleichgewichtsbedingungen, hat. Es ist allgemein n-fach statisch unbestimmt, wenn es n Auflagerreaktionen mehr als Gleichgewichtsbedingungen hat.

Um ein statisch unbestimmtes Tragsystem rechnerisch erfassen zu können, müssen nunmehr zusätzliche Gleichungen aus der Elastizitäts- und Festigkeitslehre aufgestellt werden, und zwar so viel, daß wieder genau so viel Gleichungen wie Unbekannte zur Verfügung stehen.

Ein Bogen mit zwei Kämpfergelenken und einem Scheitelgelenk ist statisch bestimmt. Ein Bogen mit zwei Kämpfergelenken ist einfach statisch unbestimmt. Ein Bogen ohne Gelenke ist dreifach statisch unbestimmt.

Fortentwicklung der Theorien, weitere Ausbildung der Details und später auch die höhere Festigkeit des Flußeisens machten dann zusammen eiserne Brücken, insbesondere Bogenbrücken von immer größeren Abmessungen, möglich. So zum Beispiel die drei Bogenbrücken über den Rhein:

Koblenz 1863	Spannweiten je 96,7 m
Rheinhausen 1873	Spannweiten je 97,0 m
Koblenz 1879	Spannweiten je 106,0 m

Und weiter die Bogenbrücken:

Hochbrücke über den Nord-Ostsee-Kanal bei Grünenthal 1892	Spannweite 156,5 m
Hochbrücke über den Nord-Ostsee-Kanal bei Levensau 1893	Spannweite 163,4 m

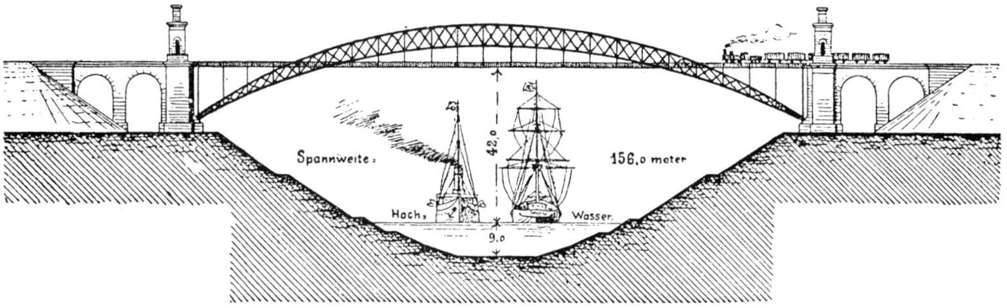

Hochbrücke Grünenthal (Nord-Ostsee-Kanal).

Diese Brücken sind noch alle in Schweißeisen hergestellt. Man beachte aber die erhebliche Vergrößerung der Spannweiten bei den beiden letzten Brücken gegenüber den ersten drei.

In Flußeisen wurden dann folgende Bogenbrücken gebaut:

Wupperbrücke Müngsten 1897	Spannweite 170,0 m
Rheinbrücke Bonn 1899	Spannweite 187,2 m
Rheinbrücke Düsseldorf 1899	Spannweite 181,3 m

Das Flußeisen hat nach den ersten Patenten Bessemers gut drei Jahrzehnte gebraucht, um allgemeinen Eingang im Brückenbau zu finden. Es hat zahlreiche Rückschläge gegeben gehabt, weil man lediglich die höhere Festigkeit beachtete und demzufolge auch in Anspruch nahm, andere Merkmale jedoch noch nicht recht deutete. Erst eine intensive

Straßenbrücke über den Rhein bei Bonn.
(Preisgekrönter Entwurf und Ausführung der »Gutehoffnungshütte«.)

Werkstoffprüfung brachte die notwendige klare Beurteilung bei der Anwendung dieses neuen Materials.

An sich bestand schon die Absicht, für die in den Jahren 1889–1891 erbaute Weichselbrücke bei Dirschau Flußeisen zu verwenden. Jedoch konnte wegen der kurzen Fristen die notwendige Menge dieses Materials nicht beschafft werden. Nur wenig nachgeordnete Teile wurden in Flußstahl gebaut. Erst die Weichselbrücke bei Fordon wurde ganz in Flußstahl gebaut (1890–1893). Die zweite große Brücke aus Flußstahl ist dann schon die Müngstener Brücke. Sie ist heute die älteste Flußstahlbrücke Deutschlands.

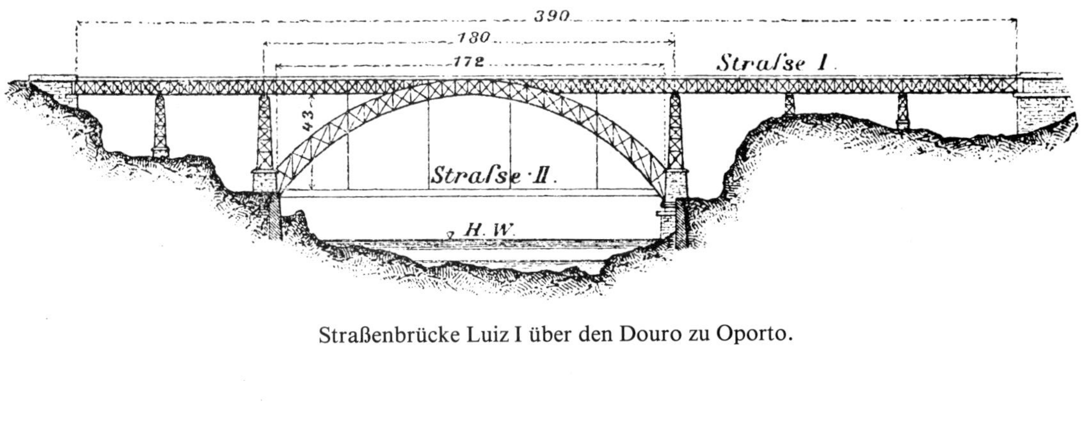

Straßenbrücke Luiz I über den Douro zu Oporto.

Die Müngstener Brücke steht in einer gewissen Nähe zu Brücken, die Eiffel erbaut hat. Gemeint sind hier die Bogenbrücke über den Douro bei Oporto (1876–1877) mit einer Spannweite von 160 m und der 165 m weit gespannte Garabit-Viadukt (1880–1884). Beide haben aber sichelförmige Bogen mit Kämpfergelenken; trotz der oberflächlichen Verwandtschaft doch sehr gravierende Unterschiede.

Man hat die Müngstener Brücke oft mit den Leistungen Eiffels verglichen und sogar angenommen, sie sei überhaupt von Eiffel erbaut worden.

Eine Verwandtschaft besteht zur Schwarzwasser-Brücke in der Straße von Bern nach Schwarzenberg (1881–1882) und zur Aare-Brücke (Kornhaus-Brücke) in Bern (1895–1899). Auch diese Brücke wurde als eingespannte Bogenbrücke gebaut.

Aber nicht bei allen Brücken des vergangenen Jahrhunderts wurden die Schwierigkeiten restlos gemeistert. Das dürfte ganz besonders der Fall bei gelenklosen Bögen gewesen sein, weil ja nicht der ganze Bogen spannungslos aufgestellt werden kann. Gerade die sorgfältig überlegten und dann auch durchgeführten Montagevorgänge an der Müngstener Brücke waren beispielgebend. So diente die Müngstener Brücke als Vorbild für die Straßenbrücke über dem Niagara.

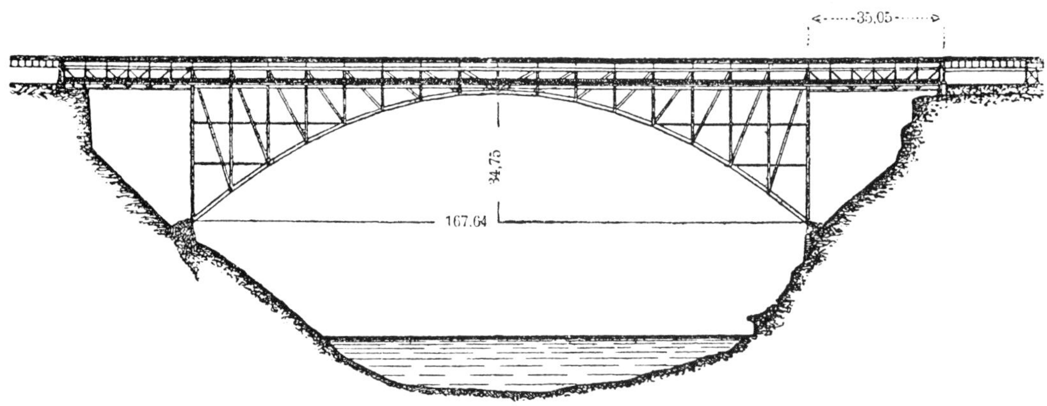

Die Niagara-Bogenbrücke

Die Müngstener Brücke über die Wupper war in Berechnung und Ausführung richtungsweisend. Man darf nicht übersehen, daß die rechnende Baustatik erst 1826 durch Navier (1785–1836) begründet wurde. Erst 1851 wurde durch Culmann (1821–1881) und Schwedler (1823–1894) die Theorie der Fachwerke entwickelt.

Diese Brücke gilt als das beste Beispiel der Zeit für das erfolgreiche Zusammenwirken von Theorie und Praxis. Sie gilt für den deutschen Brückenbau als eine Pionierleistung, insbesondere aufgrund der ihrem Bau voraufgegangenen technisch-wissenschaftlichen Planung. Sie gilt ferner als ein großartiges Beispiel für die Beherrschung statisch unbestimmter Systeme und der damit erschwerten Montagevorgänge und als die erste große im Freiverbau errichtete Brücke.

Nur kurze Zeit war die Brücke in den nun fast 90 Jahren ihres Bestehens nicht in Betrieb:

Das erste Mal nach dem 1. Weltkrieg, als die Grenze zwischen dem besetzten Rheinland und dem unbesetzten Reich durch die Müngstener Brücke ging. Der eine Brückenkopf war damals von britischen Truppen besetzt. Das zweite Mal nach dem 2. Weltkrieg. Die Unterbrechung setzte unmittelbar nach dem Zusammenbruch ein und dauerte nur wenige

Monate. Beinahe wäre die Brücke ein Opfer des letzten Krieges geworden. Sie sollte eigentlich gegen Kriegsende gesprengt werden, wozu es dann doch nicht kam. An eigentlichen Kriegsschäden waren nur Splitterschäden zu verzeichnen, die zum Teil schon 1948 ausgebessert wurden.

In den Jahren 1960 bis 1961 fand eine große Überholung der Brücke statt. Die restlichen Kriegsschäden und auch sonstige Mängel wurden beseitigt. Ferner wurden unbedeutende Verstärkungsarbeiten durchgeführt und durch Rost aufgelockerte Niete und Laschen ersetzt. Auch die Fundamente unter den sogenannten Ankerpfeilen wurden verstärkt. Nicht um größere Vertikallasten aufzunehmen, sondern um die größeren Bremskräfte aufnehmen zu können.

Diese rührten von den inzwischen immer größer gewordenen Zugeinheiten her. Auch das größere Geschwindigkeiten zulassende durchgehende Bremssystem spielt hier eine Rolle. Heute ist die Brücke, wie die ganze Strecke mit allen Zügen bis zu 80 km/h befahrbar; nur bei Schwertransporten gibt es Einschränkungen. Größere Geschwindigkeiten läßt die Strecke wegen der teilweise sehr geringen Bogenradien nicht zu.

Mit nur unbedeutenden Verstärkungsmaßnahmen konnte die Brücke auch für die heute erheblich größeren Belastungen angepaßt werden.

Bei dieser großen Überholung wurde auch nach dem legendär gewordenen goldenen Niet Ausschau gehalten. Ein solcher soll angeblich beim Schließen des Bogens eingeschlagen worden sein. Dieser goldene Niet wurde nie gefunden. Er hat auch wohl kaum existiert. In den sehr ausführlichen Berichten zum Richtfest, in denen auch alle Nebensächlichkeiten erwähnt wurden, ist von einem goldenen Niet nicht die Rede.

Schon 1953 bat die MAN bei der Bundesbahn darum, eine Gedenktafel anbringen zu dürfen. Auch der VDI (= Verein Deutscher Ingenieure) hatte bereits früher eine ähnliche Absicht zu erkennen gegeben. Erst am 2. März 1961 um 15.00 Uhr konnte dann diese Tafel enthüllt werden. Sie wurde von den Buderus'schen Eisenwerken in Eisen gegossen und trägt folgende Aufschrift:

Talbrücke bei Müngsten
Erster großer Freivorbau Gesamtlänge 500 m
Höhe über Wupperspiegel 107 m
Bogenstützweite 170 m, Gesamtgewicht 5000 t
Bauzeit 1894–1897
Bauherr
Eisenbahndirektion Elberfeld
Bauleitung
Geh. Baurat Illing Rg. Baurat Delmes
Geh. Baurat Brewitt Rg. Baumstr. Carstanjen
Rg. Baumstr. Rohlfs
Bauausführung
MAN
Maschinenfabrik Augsburg Nürnberg AG
Werk Gustavsburg
Dir. Rieppel Prof. Dietz Ing. Bohny Ing. Hermann Ing. Bilfinger Ing. Möbus

Zwei Romane sind bekannt, in denen die Brücke Schauplatz und Rahmen der Handlung abgibt:

M. L. Schröder: Das Mädchen auf dem Rappen und *Wilh. Hegeler: Ingenieur Horstmann.*

Die Müngstener Brücke, Zustand 1972. Foto: Landeskonservator Rheinland, Bonn.

Gedenktafel vom 2. März 1961.
Foto: Landeskonservator Rheinland, Bonn.

Gedenkstein aus der Zeit der Errichtung der Brücke.
Foto: Joachim Hasenpflug, Remscheid.

Technisch gesehen ist die Müngstener Brücke ein unbestrittenes Meisterwerk. Die architektonische Würdigung jedoch ist zurückhaltender. So kommentiert Professor Frentzen aus Aachen in seinem Vortrag über die *»Architektur neuerer deutscher Brückenbauten«* anläßlich der XIII. Wanderversammlung des Verbands deutscher Architekten- und Ingenieurvereine im September 1898 in Freiburg i. Br. den Entwurf der inzwischen fertiggestellten Brücke mit den Worten:

»Die Wirkung in der Landschaft ist mächtig und eindrucksvoll, die Nahwirkung gleichfalls gut; die Formengebung des Bogens befriedigt nicht ganz.«

Ebenfalls kritisch heißt es in dem Werk von Jordan und Michel:

»Die künstlerische Gestaltung von Eisenkonstruktionen«:

»Die Müngstener Brücke ist lediglich das Werk von Ingenieuren; hier waren technische Erwägungen in erster Linie maßgebend. Und wenn auch künstlerische Rücksichten bei der Aufstellung des Entwurfs gewiß nicht ohne Einfluß gewesen sind, so hat doch die Gesamterscheinung etwas Wuchtiges, Gigantisches, Urwüchsiges. Bei der Berner Brücke (gemeint ist die Kornhausbrücke; Anm. d. Verfassers) merkt man deutlich die feilende, verfeinernde Hand des Architekten. Hier sind die Pfeiler aus Stein (Sperrung im Original; Anm. d. Verfassers) hergestellt, sie bilden merkbare, deutlich hervortretende Abschnitte in der Längsentwicklung.«

In dem gleichen Werk heißt es an anderer Stelle, der Bogen sei dem Balken vorzuziehen. Jedoch habe der Parabelbogen - der an sich besonders gut aussähe - wie auch der Kreisbogen den Nachteil, schon durch Spannweite und Höhe festgelegt zu sein. Das sei ein Nachteil.

Dieser Einwand wird meines Erachtens zu Unrecht erhoben. Selbst wenn die Form als nicht von der Funktion her bestimmt wird, dann sind bei gleichem Verhältnis von Höhe zu Stützweite verschiedene Parabeln möglich, wenn man nicht nur z. B. an die quadratische Parabel denkt, sondern auch an die Parabeln höherer Ordnung. Insofern wäre bei einer unterstellten Unabhängigkeit der Form von der Funktion die Charakteristik der Parabel schon variierbar. Sie ist das aber nicht, wenn die Form als von der Funktion her bestimmt angesehen wird. Dann folgt der Bogen einer solchen Brücke der Charakteristik der Stützlinie, die für die wechselnde Laststellung in einer gewissen Bandbreite variiert und dies wird durch Parabeln gut angenähert.

Dieses Mißverstehen von Sachzwängen kennzeichnet die Problematik, in die das Bauwesen hineingeraten ist, nachdem mit fortschreitendem 19. Jahrhundert die gewohnte Baumeisterfunktion in die Funktion des Architekten und in die des Ingenieurs zerfallen ist. Der damit einhergehende Stilverlust ist Beleg dafür, daß dieses Auseinanderfallen einer personalen Einheit nur das Abbild für das hintergründigere Auseinanderfallen von Form und Funktion ist. Während der Ingenieur anfing, den Vorrat an Tragwerksformen nach rein technischen und ökonomischen Gesichtspunkten durchzuspielen, gelangte er zu Konstruktionen mit einem nicht durchschaubaren Zickzack von Fachwerkstäben. Sie mußten als gestaltlos und willkürlich empfunden werden, weil es für diese durch neue Materialien möglich gewordenen Formen zunächst keinen tradierten Beurteilungskanon geben konnte.

Andererseits war die Überbetonung des Ästhetischen lange Zeit die Rolle der Architektur, die am gewohnten Kanon gebunden blieb und das nur konnte, wenn sie sich nur genügend weit entfernt hielt von den neuen Möglichkeiten in der Realisierung von an sich unverändert gebliebenen Funktionen.

Detail der Müngstener Brücke. Zustand 1972. Foto: Landeskonservator Rheinland, Bonn.

Es hat den Anschein, als habe es um die Frage, wer der eigentliche Erbauer der Brücke ist, zumindest Mißverständnisse gegeben. Zu solchen Mißverständnissen war insofern das Feld bereitet, als gefordert war, daß die Arbeiten am Entwurf in ständiger Zusammenarbeit mit der Eisenbahnverwaltung durchzuführen seien. Für diese Aufgabe war bei der Bahn der Regierungsbaumeister Carstanjen bestimmt.

Die Arbeit des Regierungsbaumeisters Carstanjen wird von Rieppel in dem hier nachgedruckten Aufsatz sehr gelobt und hervorgehoben. Carstanjen hat danach seine Tätigkeit wohl keineswegs als eine rein administrative Koordination verstanden, sondern auch als Ingenieur Beiträge zur Entwurfsarbeit geleistet. Carstanjen schied am 1. April 1895 aus dem Dienst der Eisenbahndirektion aus und trat in das Gustavsburger Werk der Maschinenbau AG Nürnberg über.

Auf der anderen Seite betont Rieppel im gleichen Aufsatz an anderer Stelle deutlich, daß der Entwurf der Bogenbrücke nach seinen Angaben und unter seiner Leitung, wenn auch im Einvernehmen mit der Verwaltung der Bahn und unter Berücksichtigung wichtiger Vorschläge Carstanjens erarbeitet wurde. Rieppel betont den Eifer und die außerordentliche Geschicklichkeit mit der Carstanjen die Wünsche der Bahnverwaltung zur Geltung brachte. Da ist dann schon ein wenig Unmut herauszulesen. Auf der anderen Seite spürt man aber auch die großmütige Geste, mit der der an Reputation reiche ältere Kollege davon auch einiges dem jüngeren abläßt. Oder ist das nur das nachträgliche Zudecken eines heftigen Streits während der Phase der Entwurfsbearbeitung? Wer heutige Gewohnheiten kennt, der vermag die gegen Schluß des Aufsatzes stehende Betonung, daß es in den ganzen fünf Jahren der Zusammenarbeit zwischen Bauherrschaft und Bauausführung keinen Zwiespalt gegeben habe, nicht anders zu verstehen. Schon gar nicht, wenn wenig davor dann ein Artikel auszugsweise wiedergegeben wird, in dem der Nachfolger von Carstanjen, der Regierungsbaumeister Rohls, ziemlich ruppig erklärt, die Einzelheiten seien von der ausführenden Firma entworfen, alle wichtigen Entscheidungen aber im Ministerium getroffen worden. Ein großer Teil der grundlegenden Berechnungen sei von Carstanjen aufgestellt worden, heißt es da und unverständlicherweise dann etwas weiter, die Berechnungen seien unter der Leitung von Rieppel bei der ausführenden Firma zustande gekommen. Rieppel zitiert den Aufsatz von Rohls als »völlig zutreffend«! Sind das nicht doch Versöhnungsgesten gegenüber dem unbedeutenden Kollegen und Demutsgesten gegenüber dem bedeutenden Auftraggeber?

Anton Rieppel war Ende des vergangenen Jahrhunderts der Chef des Werkes Gustavsburg und unter seiner Leitung entstand der Entwurf, mit dem sich die Maschinenbau AG Nürnberg an dem engeren Wettbewerb um die Müngstener Brücke beteiligte.

Anton Rieppel (1852–1926).
Reproduktion nach einem Gemälde.

A. Rieppel wurde 1852 als Sohn eines Hammer-Gut-Besitzers in Hopfen in der Oberpfalz geboren. Ursprünglich besaß er nur Volksschulbildung und sollte eigentlich den väterlichen Betrieb übernehmen. Besuchte aber auch die Gewerbeschule, daran anschließend die Industrieschule und schließlich das Polytechnikum in München. Ab 1874 arbeitete er unter Gerber (1832–1912) bei der »*Süddeutschen Brückenbau A.G.*«. Schon zwei Jahre später, 1876, schickte Gerber den jungen Rieppel als Betriebsleiter nach Gustavsburg. Rieppel gilt als der begabteste Schüler Gerbers, aus welchem Grunde er ihn wohl auch sehr förderte.

1888 ging Rieppel mit dem Konstruktionsbüro von Gustavsburg nach München und übernahm dort die technische Oberleitung der ganzen Firma.

1892 wurde Anton Rieppel alleiniger Vorstand der Maschinenbau A.G. Nürnberg. Er widmete sich – nach wie vor dem Brückenbau in Gustavsburg verbunden – den statisch unbestimmten Systemen und deren Anwendung im Brückenbau. Seine bedeutendste Leistung ist der unter seiner Leitung entstandene Entwurf der Brücke über das Tal der Wupper bei Müngsten und deren Ausführung. Ihm wurden in seiner beruflichen Laufbahn in Deutschland und im Ausland hohe Auszeichnungen zuteil. 1906 wurde ihm der persönliche Adel verliehen.

Seit der Vereinigung mit der Maschinenfabrik Augsburg im Jahre 1898 war er einer der beiden Generaldirektoren und ab 1913 alleiniger Generaldirektor, ein Amt, welches er bis zum 31. 12. 1920 innehatte.

Er zog sich auf seinen Landsitz, den Finnerhof bei Gmund am Tegernsee, den er 1901 gekauft hatte, zurück, behielt aber seine Nürnberger Wohnung bei. Der Lebensabend Rieppels fiel in eine unglückliche Zeit. Nachlassen der Wirtschaftskraft, aufkommende Inflation und ganz allgemeine Unsicherheit kennzeichneten die Lage. Auch Rieppels Gesundheitszustand verschlechterte sich außerordentlich. Schon 1923 rechnete man mit seinem Tod. Nach langem Siechtum starb Rieppel am 31. Januar 1926 in seiner Nürnberger Wohnung, dem einstigen Schlößchen von Cramer-Klett.

Abschließend noch skizzenhaft der Werdegang jener Firma, die diese Brücke baute:

1838 gründete Friedrich Klett (1778–1847) in Nürnberg die Firma Klett & Co., die hauptsächlich Lokomotiven, Eisenbahnwagen und Brücken baute. Wenige Jahre vor dem Tode von Fr. Klett lernte dieser den erfolgreichen Unternehmer Theodor Cramer (1817–1884) kennen. Die Beziehungen zwischen diesen beiden Männern wurden so eng, daß Klett in Abänderung seines Testamentes ihn zum Universalerben einsetzte. Unter dem Einfluß von Cramer nahm das Unternehmen eine günstige Entwicklung. Nach dem Tode von Klett heiratete Cramer sehr bald die Tochter Klett's. Beide nahmen den Namen Cramer-Klett an. Cramer-Klett war wenige Jahre nach der Übernahme der Firma durch ihn – etwa um 1850 – der alleinige Inhaber. Um 1870 beschäftigte das Unternehmen 1000 Arbeiter.

Im Januar 1860 erhielt die Firma Klett & Co. von der Hessischen Ludwigsbahn-Gesellschaft den Auftrag, eine Eisenbahnbrücke über den Rhein oberhalb von Mainz zu bauen. Da das benötigte Eisen teils von der Saar und teils aus dem Rhein-Ruhrgebiet bezogen werden mußte, entschloß man sich an der Baustelle der Brücke auch gleich die Werkstätten für die Bearbeitung und Zusammensetzung der Eisenkonstruktion einzurichten. Man ersparte so den zusätzlichen Frachtweg nach Nürnberg und von dort nach Mainz. Mitte Mai 1860 wurde mit dem Bau der Werkstätten auf einem alten Schanzwerk in Gustavsburg begonnen. Gustavsburg war schon unter dem Schwedenkönig Gustav Adolf ein befestigter Ort und leitet von dort seinen Namen her.

Da anfänglich nur an provisorische Werkstätten gedacht war, so wurden diese auch nur sehr leicht in Holz gebaut. Daher konnten sie sehr schnell fertiggestellt werden und schon im Oktober 1860 den Betrieb aufnehmen. 1862 im Dezember war die Brücke – übrigens die bedeutendste Anwendung des sogenannten Pauli-Trägers – fertig. Inzwischen hatte das Unternehmen zahlreiche kleine Brücken in Auftrag erhalten, so daß man zur Entlastung der Nürnberger Werkstätten den Betrieb in den an sich nur als Provisorium gedachten

Einladung zum Richtfest am 22. März 1897. Die Eröffnung und Verkehrsübergabe der Bahnlinie Solingen-Remscheid und damit der Brücke erfolgte am 15. Juli 1897 durch den Prinzen Friedrich Leopold von Preußen als Vertreter von Kaiser Wilhelm II: Das Bauwerk wurde *»Kaiser Wilhelm Brücke«* getauft.

Gustavsburger Werkstätten weiterführte. Daraus erwuchs dann das spätere Werk Gustavsburg der MAN.

1868 wurde auch das vorerst noch in Nürnberg verbliebene Konstruktionsbüro nach Gustavsburg verlegt.

1873 wurde die Firma Klett & Co. in die Maschinenbau A.G. Nürnberg umgewandelt. Zur gleichen Zeit wurden die Werkstätten in Gustavsburg verselbständigt und als »*Süddeutsche Brückenbau-Actiengesellschaft*« mit Sitz in München weitergeführt. 1885 jedoch wurde diese A.G. wieder gelöscht und die Brückenbau-Werkstätten wurden fortan als Filiale der Firma Maschinenbau A.G. Nürnberg betrieben.

Im Jahre 1898 fusionierten die Maschinenbau A.G. Nürnberg und die 1840 gegründete Maschinenfabrik Augsburg zur »*Vereinigten Maschinenfabrik Augsburg und Maschinenbaugesellschaft Nürnberg A.G.*« Daraus wurde dann im Jahre 1909 die Maschinenfabrik Augsburg-Nürnberg A.G. oder abgekürzt MAN. Dieses Zeichen war allerdings schon in den Jahren 1903/1904 entstanden.

Die Müngstener Brücke heute. Foto: Landeskonservator Rheinland, Bonn.

Diese Einleitung ist eine leicht überarbeitete Fassung von Teilen aus: Werner, E.: Die Eisenbahnbrücke über die Wupper bei Müngsten (1893-1897). (Landeskonservator Rheinland (Arbeitsheft 5) Bonn: Rheinland-Verlag, 1975)

1. Kapitel

1) Einleitung.

Das dicht bevölkerte, industriereiche und dabei mit prächtigen Naturschönheiten ausgestattete »Bergische Land« hatte bisher zwischen seinen mächtig aufstrebenden Industriestädten Solingen und Remscheid eine ganz ungenügende Bahnverbindung. Der kürzeste Schienenweg über Vohwinkel-Elberfeld-Barmen, Fig. 1, hat eine Länge von 44 km, während die Entfernung der beiden Städte in Luftlinie nur 8 km beträgt. Dass damit den Bedürfnissen nicht genügt war und dass die Bestrebungen, eine unmittelbare Bahnverbindung zu erhalten, schon alt sein müssen, bedarf nicht besonderer Betonung. Bei der bereitwilligen Unterstützung, die in Preufsen der Industrie inbezug auf Verkehrserleichterung vonseiten der Regierung in anerkennenswerter Weise stets zuteil wird, erfordert es vielmehr eine besondere Erklärung, warum die beiden Städte die notwendige unmittelbare Bahnverbindung noch nicht hatten. Der Bahnhof Remscheid liegt 100 m über dem Bahnhof Solingen-Süd und dieser wieder 100 m über dem Wasserspiegel der Wupper, die in einem zwischen den beiden Städten liegenden scharf eingeschnittenen Thale fliefst. Bei solcher Bodengestaltung waren die Schwierigkeiten und Kosten für einen Bahnbau grofs, und es ist verständlich, dass man sich lange scheute, dem Plane ernstlich näher zu treten. Die strebsamen fleifsigen Bewohner der genannten Städte, denen eine so mangelhafte Verbindung für ihre lebhaften geschäftlichen Wechselbeziehungen ein schwer empfundenes Hemmnis war, erlahmten jedoch in ihren Bemühungen nicht. Sie liefsen durch den damaligen Kreisbaurat, jetzigen Regierungs- und Baurat Bormann in Arnsberg einen Entwurf nebst Kostenanschlag aufstellen, nach welchem das Wupperthal in einer Bahnkronenhöhe von 120 m über dem Wupperwasserspiegel mittels einer eingleisigen Brücke in unmittelbarer Nähe des Vergnügungsortes Müngsten gekreuzt wurde. Die Anstrengungen der Beteiligten sollten auch endlich Erfolg haben. Nachdem sie den Bormannschen Entwurf dem Minister vorgelegt und sich zur Aufbringung der Grunderwerbskosten bereit erklärt hatten, wurde die kgl. Eisenbahndirektion Elberfeld Ende der 80er Jahre mit der Bearbeitung eines Entwurfes beauftragt. Nach diesem gegen den Bormannschen wesentlich abgeänderten Entwurf wurden 1890 die erforderlichen Mittel mit 4978000 ℳ (ohne Grunderwerbskosten) vom preufsischen Landtage bewilligt. Der günstigste Kreuzungspunkt des Wupperthales wurde rd. 800 m unterhalb Müngstens mit einer Kronenhöhe von 107 m über der Wupper ermittelt. Mit Rücksicht darauf, dass sich aus den in unmittelbarer Nähe befindlichen Einschnitten überschüssiges Abtragmaterial ergab, das zu den Brückenanschlussdämmen Verwendung finden sollte, war die Länge des Brückenbauwerkes auf rd. 470 bis 480 m bei rd. 660 m Entfernung der beiden Punkte, in denen die Bahnkrone beiderseits in die Thalwände einschneidet, zu bemessen.

Fig. 1.

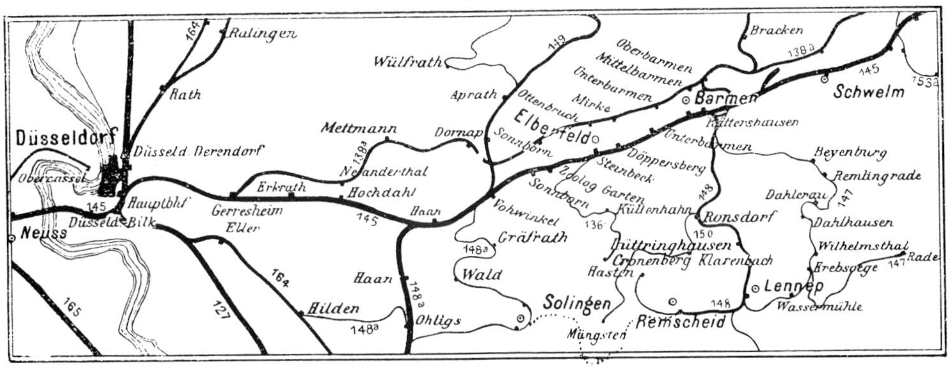

Die Thalwände bestehen aus ziemlich hartem Thonschiefer, der teilweise durch Humus und Letten überlagert ist. Die Lagen des Thonschiefers fallen auf beiden Thalwänden von Westen gegen Osten, und zwar zwischen 18⁰ und 47⁰. In der Thalsohle ist der Schieferfelsen ziemlich hoch (bis zu 7 m) von Alluvium überlagert. Der Thonschiefer ist zwar zutage nicht völlig witterungsbeständig, sonst aber sehr tragfähig.

2) Vorgeschichte der Brücke.

Schon bei Gelegenheit der allgemeinen Vorarbeiten war im Jahre 1889 in der kgl. Eisenbahndirektion der in

Fig. 2 abgebildete Entwurf einer Bogenbrücke eingehend durchgearbeitet und auf dieser Grundlage die in den Voranschlag einzusetzende Bausumme ermittelt worden.

Der demnächst bei Gelegenheit der besonderen Vorarbeiten dem Ministerium zugleich mit den Linienskizzen für fünf verschiedene andere Bauarten vorgelegte, ebenfalls eingehend durchgearbeitete Entwurf einer Auslegerbrücke fand keine Billigung, vielmehr wurde mit Rücksicht

Fig. 2.

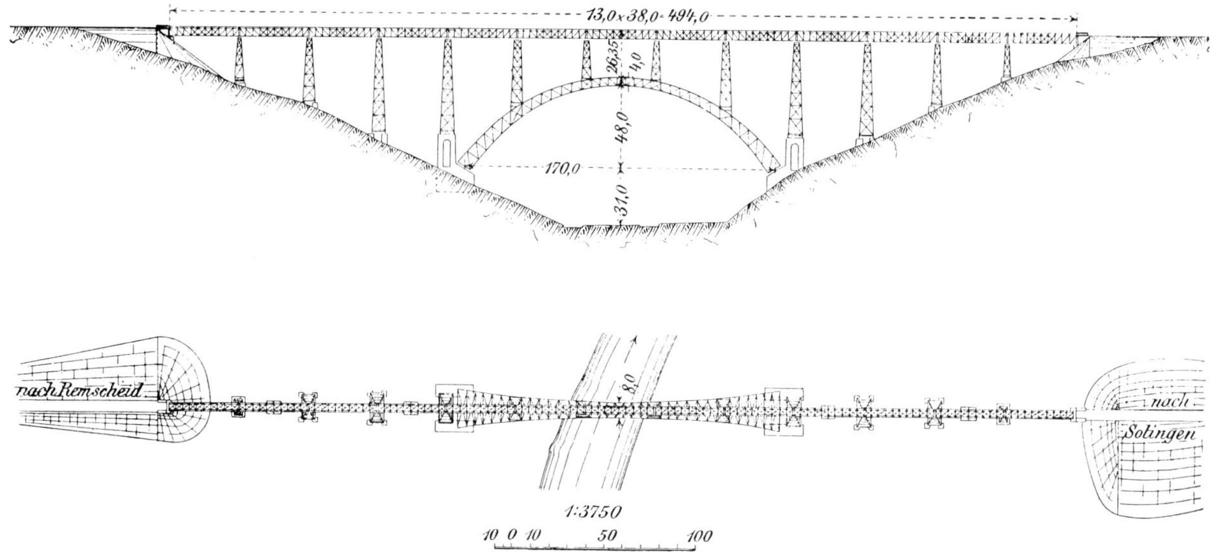

Fig. 3.

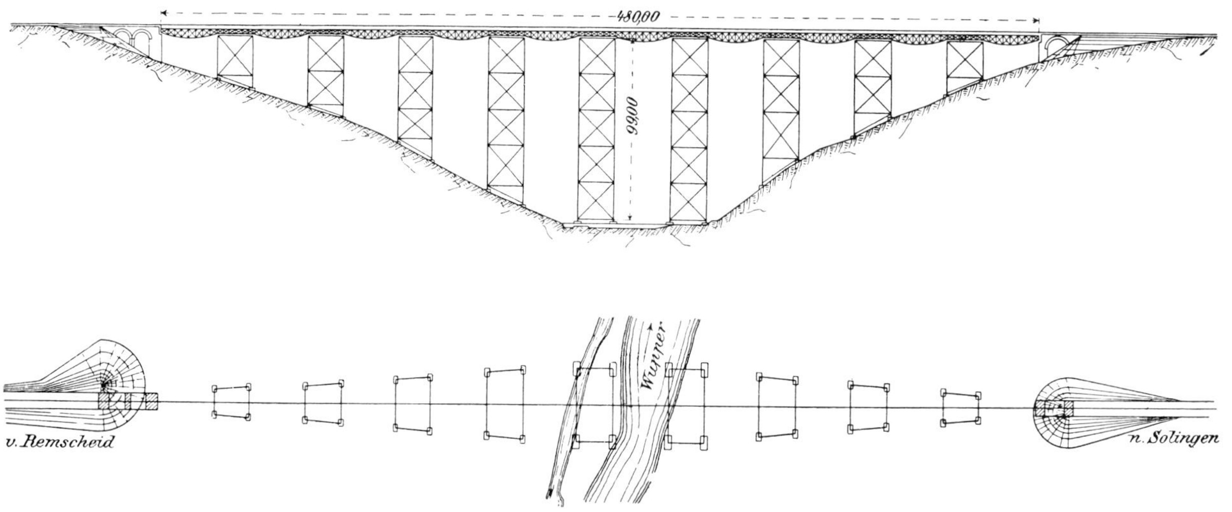

Fig. 4

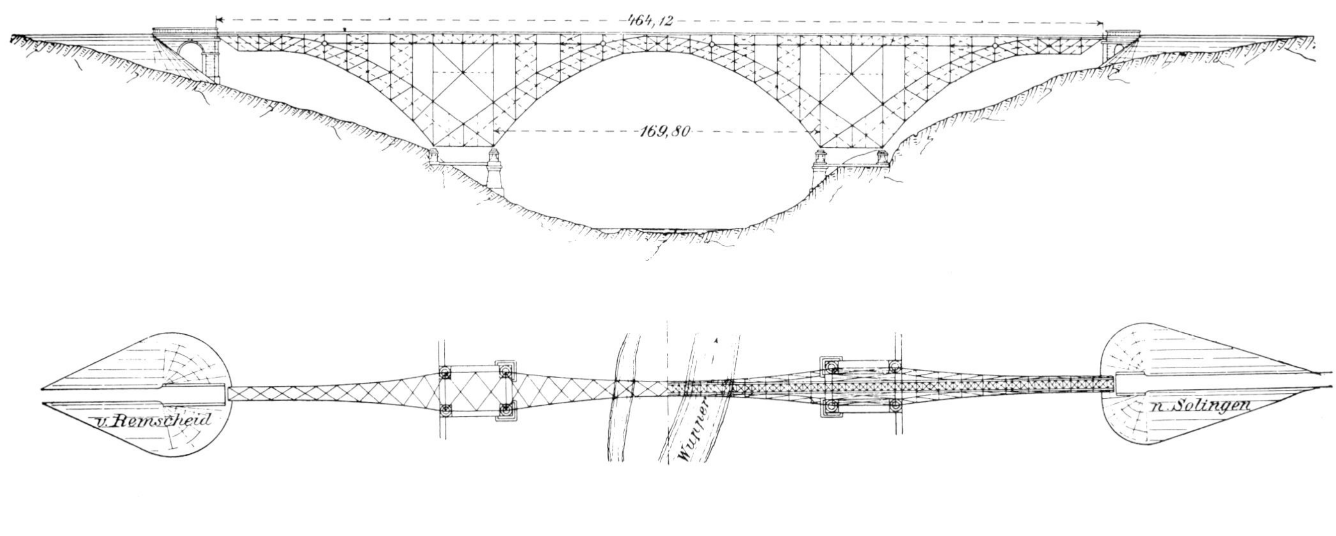

auf die Möglichkeit einer durchweg leichten Gründung an jeder Stelle des Thalquerschnittes eine Gerüstbrücke für die Ausführung bestimmt. Die Eisenbahndirektion machte gegen die Gerüstbrücke geltend, dass sie ganz ungewöhnliche Abmessungen erhalten und daher schwierig zu montiren sein würde. Aufserdem sei auch mit Rücksicht auf die landschaftliche Schönheit des vielbesuchten Thales die von der Eisenbahn direktion vorgeschlagene Auslegerbrücke vorzuziehen.

Darauf ordnete das Ministerium die Ausarbeitung von drei Entwürfen, einer Gerüst-, einer Ausleger- und einer Bogenbrücke, an. Auf Anregung der Beteiligten wurde auch bestimmt, dass die Brücke zweigleisig sein solle. Zur Bearbeitung dieser Entwürfe lud die Eisenbahndirektion Ende 1891 vier gröfsere deutsche Brückenbauanstalten ein, und zwar:

die Aktiengesellschaft für Eisenindustrie und Brückenbau vorm. J. C. Harkort in Duisburg,
die Gutehoffnungshütte in Oberhausen,
die Maschinenbau-Aktiengesellschaft Nürnberg in Nürnberg und
die Union in Dortmund.

Die letzte Firma hat die Bearbeitung eines Entwurfes abgelehnt.

a) auf die Bestimmung der äufseren und inneren Kräfte und

b) auf die Bestimmung der Querschnitte, den Nachweis der Festigkeit der Nietverbindungen usw.

Dabei waren folgende Annahmen zugrunde zu legen:

1) Das Eigengewicht, möglichst zutreffend ermittelt.

2) Als Verkehrslast der Lastenzug Fig. 5. Bei Spannweite von mehr als 20 m können die den gröfsten Momenten und gröfsten Vertikalkräften des Lastenzuges entsprechenden gleichmäfsig verteilten Lasten genommen werden.

3) Der Winddruck ist mit 150 kg/qm für die belastete und mit 250 kg/qm für die unbelastete Brücke zu berücksichtigen. Dabei sind genaue Vorschriften über die Ermittlung der Winddruckflächen gegeben.

4) Als Kräfte in der Längsachse der Brücke haben aufser den Windkräften die Kräfte aus der Bremswirkung als gegen den Zugwiderstand überwiegend inbetracht zu kommen. Unter der Annahme, dass sämtliche Lokomotiv- und Tenderachsen sowie ein Drittel der Wagenachsen gebremst sind, ist die Gröfse der Bremskraft:

$$H = f\left(n_1 L + \frac{n_2 G}{3}\right) - \psi A = 0{,}2\left(n_1 L + \frac{n_2 G}{3}\right) - \frac{1{,}5\, A}{d},$$

Fig. 5.

Raddrücke in t.

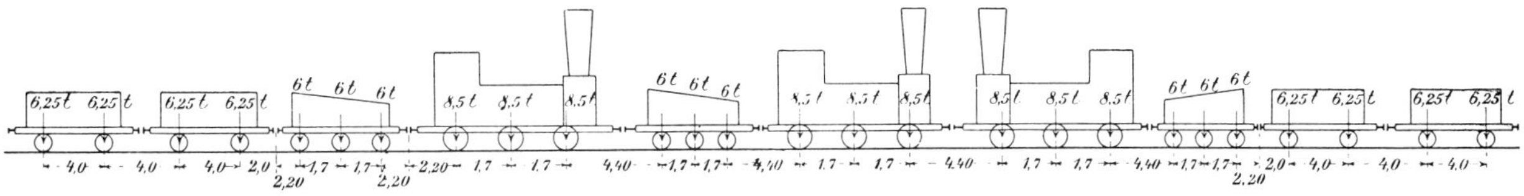

Dem Einladungsschreiben waren allgemeine Vorschriften in 10 Paragraphen beigegeben; sie enthielten in § 1 die Bezeichnung der Entwürfe, die den eingeladenen Firmen zur Auswahl gestellt wurden, nämlich

1) eine Gerüstbrücke nach beigegebener Skizze, s. Fig. 3,

2) eine Bogenbrücke, oder

3) eine Auslegerbrücke nach gleichfalls beigegebener Skizze, s. Fig. 4.

Die angefügten Bemerkungen lauteten:

zu 1) (Gerüstbrücke): »Die Weite der Zwischenöffnungen der Gerüstbrücke darf nur um ein geringes Mafs vergröfsert werden, falls dies mit Rücksicht auf eine gleichmäfsige Querträgerteilung vorteilhaft erscheinen sollte. Es ist zu untersuchen, ob nicht durch Weglassung der in der Thalsohle stehenden sehr hohen Pfeiler und Einfügung einer gröfseren Mittelöffnung eine Verminderung der Herstellungskosten erreicht werden kann.«

zu 2) (Bogenbrücke): »Für die Bogenbrücke ist diesseits eine allgemeine Skizze nicht beigelegt (der eingangs erwähnte Entwurf einer Bogenbrücke wurde den eingeladenen Firmen nicht bekannt gegeben), letztere würde seitens des betreffenden Werkes aufzustellen und vor der weiteren Bearbeitung der kgl. Eisenbahndirektion zur Prüfung vorzulegen sein. Der elastische Bogen kann mit Kämpfergelenken oder ohne solche, muss jedoch ohne Scheitelgelenk angeordnet werden. An den Bogen sollen sich beiderseits Gerüstbrücken anschliefsen, welche in der unter 1) gedachten Weise auszubilden sind.«

Die Auslegerbrücke (3) war von der Eisenbahndirektion bereits im Entwurf festgelegt und auch berechnet.

An Entwurfstücken waren nach § 2 gefordert:

a) eine statische Berechnung,
b) die Entwurfzeichnung,
c) eine Gewichtberechnung,
d) ein Erläuterungsbericht und
e) ein Kostenanschlag.

Alle diese Entwurfstücke sollten ausschliefslich die eisernen Ueberbauten und die etwaigen Verankerungen, nicht aber zugleich auch das Pfeilermauerwerk und die Erdarbeiten umfassen.

Die statische Berechnung hatte nach § 3 sich zu beziehen:

wobei

L = Gewicht einer Lokomotive samt Tender in t,

$G = \frac{25\,\text{t}}{9\,\text{t}}$ = Gewicht eines $\frac{\text{beladenen}}{\text{unbeladenen}}$ Güterwagens von 8 m Länge zwischen den Puffern und 4 m Radstand,

d = Durchmesser der Walzen der Trägerauflager in mm,

A = Auflagerdruck in den Walzenlagern in t,

$\psi = \frac{1{,}5}{d}$ = Koëffizient der Reibung für die Walzenlager,

$f = 0{,}2$ = Koëffizient der gleitenden Reibung gebremster Räder auf den Schienen,

n_1 = Anzahl der auf der Brücke befindlichen Lokomotiven,

n_2 = Anzahl der auf der Brücke befindlichen Wagen.

5) Kräfte von den Wärmeänderungen: Der Ausdehnungskoëffizient für Eisen ist zu $\frac{1}{80\,000}$ für 1° C und die Wärmeänderungen sind zu ± 30° C anzunehmen.

6) Zulässige Beanspruchungen: Als Material für die Ueberbauten ist basisches Flusseisen von 39 bis 45 kg/qmm Zugfestigkeit und mindestens 20 pCt Dehnung auf 200 mm Länge, dessen Streckgrenze nicht unter 25 kg/qmm liegt, vorgeschrieben. Hierfür sind folgende Beanspruchungen zugelassen:

I) Der Stab, die Trägergurtung usw. erleidet nur Zug oder nur Druck:

a) den Stöfsen der Fahrzeuge unmittelbar ausgesetzt [Quer- und Schwellenträger]:

$$k = 0{,}70 \text{ t/qcm};$$

b) den Stöfsen der Fahrzeuge nicht unmittelbar ausgesetzt:

$$k = 0{,}85 \text{ t/qcm};$$

c) durch ruhende Lasten und Winddruck beansprucht:

$$k = 1{,}25 \text{ t/qcm}.$$

Für gedrückte Stäbe von der Länge l, dem Querschnitt F und dessen kleinstem Trägheitsmoment J ist für

$$\frac{l}{i} < 105 \text{ zu } a):\ k = 0{,}583 - 0{,}00210\left(\frac{l}{i}\right)$$

$$\text{zu } b):\ k = 0{,}713 - 0{,}00257\left(\frac{l}{i}\right)$$

$$\text{zu } c):\ k = 0{,}987 - 0{,}00356\left(\frac{l}{i}\right)$$

$$\frac{l}{i} > 105 \text{ zu a): } k = 4036 \left(\frac{i}{l}\right)^2$$

$$\text{zu b): } k = 4933 \left(\frac{i}{l}\right)^2$$

$$\text{zu c): } k = 6831 \left(\frac{i}{l}\right)^2,$$

wenn $i = \sqrt{\frac{J}{F}}$ ist.

II) Wird der Stab abwechselnd auf Zug und Druck beansprucht, wobei

P_1 die gröſste Beanspruchung in dem einen,

P_2 die gröſste Beanspruchung in dem anderen, entgegengesetzten Sinne und $P_1 < P_2$ ist,

so ist die nach I) bestimmte Beanspruchung k mit $\left(1 - {}^1/_2 \frac{P_1}{P_2}\right)$ zu multipliziren, also

$$k_{II} = k_I \left(1 - {}^1/_2 \frac{P_1}{P_2}\right)$$

7) Nietungen: Bei gezogenen Stäben sind die Nietlöcher voll in Abzug zu bringen. Die Tragfähigkeit N der Niete ist zu bestimmen entweder

a) aus der Scherfestigkeit $N_1 = 471\, d^2$

$$\left[= \frac{\pi\, d^2}{4} \cdot 600 \text{ kg/qcm}\right]; \text{ oder}$$

b) aus der Lochpressung $N_2 = 1100\, d\, \delta$ für eine Lochleibung, wobei d = Nietdurchmesser und δ = Blechstärke ist.

8) Weitere allgemeine Grundsätze: Die Brücke soll zweigleisig mit 3,5 m Gleisabstand und 8,5 m Weite zwischen den Geländern geplant werden. Uebergroſse Sparsamkeit bei der Querschnittfestsetzung und Durchbildung der Konstruktion ist zu vermeiden. Nicht nur alle auf Zug, sondern auch alle auf Druck beanspruchten Stabstöſse sind voll zu decken. Die Verwendung von Holz ist vollständig ausgeschlossen, also auch für den Belag. Zur Verminderung der Wirkungen etwaiger Entgleisung sind folgende Anordnungen zu treffen:

a) Zwischen den Fahrschienen, sie um 3 bis 3,5 cm überragend, sind starke eiserne Entgleisungsschwellen so anzubringen, dass zwischen ihnen und den Schienen Spurrillen von 18 cm lichter Weite verbleiben;

b) der Brückenbelag muss in der Nähe der Fahrschienen so stark sein, dass ein Durchbrechen entgleister Räder nicht zu befürchten steht;

c) der Höhenunterschied zwischen dem Brückenbelag und der Schienenoberkante soll thunlichst gering sein;

d) bei Anwendung von Querschwellen muss die Möglichkeit, dass sie infolge einseitiger Belastung durch entgleiste Räder aufkippen, ausgeschlossen sein.

Konstruktionssäle und Einsicht in alle Ausarbeitungen, Berechnungen, Zeichnungen usw. zu geben ist.«

In den der Einladung folgenden persönlichen Verhandlungen der einzelnen Werke mit dem Regierungsbaumeister Carstanjen, der von der Eisenbahndirektion hierzu und zur Herstellung des weiter nach § 8 bedingten Einvernehmens mit den Werken bestimmt worden war, wählte die Gutehoffnungshütte die Gerüstbrücke, die Gesellschaft Harkort die Auslegerbrücke und die Maschinenbau-A.-G. Nürnberg die Bogenbrücke.

An den nun monatelang andauernden angespannten Entwurf-, Berechnungs- und Durchbildungsarbeiten hat sich Regierungsbaumeister Carstanjen in seiner oben erwähnten Eigenschaft als Abgeordneter der Eisenbahndirektion in hervorragend eifriger Weise beteiligt und dabei mit auſserordentlichem Geschick die Wünsche der Eisenbahndirektion zur Geltung gebracht und doch jedem Entwurf seine Eigenart voll gelassen. Dieser Vorgang gab die beste Gewähr, dass jeder Entwurf genau den sehr vollständigen Bedingungen der Eisenbahndirektion entsprechend bearbeitet wurde. Die Entwürfe wurden dadurch auf ganz gleiche Grundlage gestellt, und die abzugebenden Angebote konnten deshalb als in der Massenermittlung zutreffend erachtet werden.

In der Erwägung, dass die Gesamtkosten des Bauwerkes sich wesentlich vermindern würden, wenn die gesamte Einrichtung und Ausstattung des Bauplatzes mit Maschinenanlagen, Gerüsten, Transportbahnen und Hebezeugen von vornherein einheitlich so ausgestaltet würde, dass sie ebenmäſsig für die Herstellung des Mauerwerkes und des eisernen Ueberbaues zweckdienlich wäre, wurde die ursprüngliche Ausschreibung, die sich nur auf den eisernen Ueberbau bezog, nachträglich auch auf die Herstellung der Mauerarbeiten erweitert, um die ganze Arbeit in eine Hand zu geben.

Die Maschinenbau-A.-G. Nürnberg erhielt aufgrund ihres Entwurfs und Angebots als Mindestfordernde den Zuschlag auf Ausführung des ganzen Bauwerkes, also einschlieſslich zugehöriger Erd- und Mauerarbeiten. Die Akkordsumme wurde auf rd. 2244000 ℳ festgesetzt.

Fig. 6 giebt die allgemeine Anordnung des Entwurfes der Gutehoffnungshütte. Dieses Werk hat die Gerüstpfeiler bei $^1/_6$ Neigung der Längswände mit 20 m Längsbreite und die Brückenfelder mit 30 m Weite nach den Annahmen der Eisenbahndirektion belassen und nur die Gerüstbrücken in der Konstruktion geändert, indem es an den Pfeilern beiderseits Konsolen mit 5 m Auskragung anordnet und zwischen den Pfeilern Gerüstbrückenfelder von 20 m Weite mittels Gelenklager einhängt. Ein Gelenklager ist immer fest, und das andere lässt für die Ausdehnung die nötigen Längsbewegungen zu. Die Bremskräfte sollen an jedem Pfeiler aufgenommen werden.

Fig. 6.

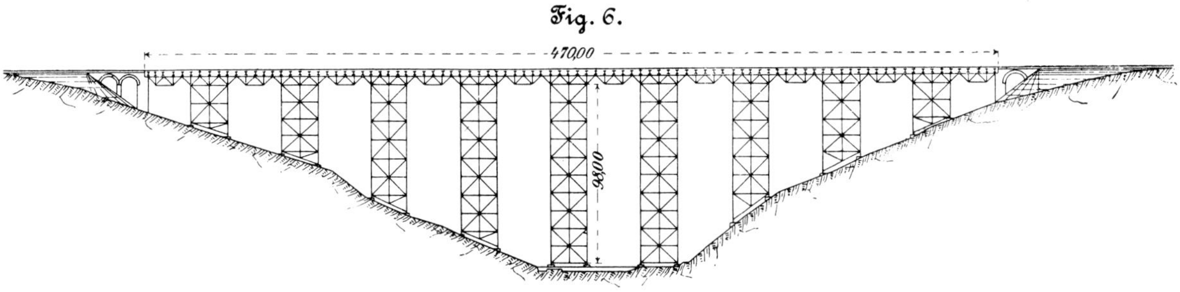

Die weiteren Paragraphen 4 bis einschl. 7 und 9 und 10 geben genaue Bestimmungen über die Herstellung der Pläne, über die Gewichtberechnung, den Erläuterungsbericht, den Kostenanschlag, Fristen für die Einreichung der Entwurfstücke und die Verbindlichkeit des Angebotes.

Von besonderer Wichtigkeit war noch § 8; er sei deshalb nachstehend wörtlich gegeben:

»Die sämtlichen Entwurfarbeiten sind in fortwährendem Einverständnis mit der Eisenbahnverwaltung auszuführen. Die letztere wird zu diesem Zwecke einen technischen Beamten bestimmen, welcher den Verkehr zwischen ihr und dem Werke vermittelt und welchem jederzeit Zutritt in die

Der Fachteilung der Gerüstbrücken entsprechend sind die Querträger in 5 m Entfernung auf die Obergurte der Gerüstträger gelagert und fest mit ihnen vernietet. Die Schwellenträger, welche eiserne Querschwellen tragen, liegen genau unter den Schienen, sind mit den Querträgern im allgemeinen vernietet und nur an den beweglichen Lagern der Gerüstträger längsverschieblich gelagert. Die Gesamtlänge der Eisenkonstruktion ist

$$2 \cdot 25 + 8 \cdot 30 + 9 \cdot 20 = 470 \text{ m}.$$

Die A.-G. Harkort hat den Entwurf der Eisenbahndirektion, Fig. 4, die dafür auch die statische Berechnung der Hauptträger gemacht hatte, beibehalten. Die Einzelbearbeitung rührt dagegen von der Firma her. Zwei Kragträger mit je 33,96 m Lagerentfernung und je 2 Konsolen von 56,60 m Auskragung tragen frei eingehängte Träger von 56,60 m Stützweite. In der Mittelöffnung ruhen letztere auf den beiden Innenkonsolen der Kragträger und an den Thalwänden einerseits auf den Konsolen der Kragträger und anderseits auf den Endwiderlagern. Die Tragwände sind gegen das Lot um 1 : 7,5 geneigt.

Die Querträger sind über den Konsolen und eingehängten Trägern 11,32 m, über den Stützöffnungen der Kragträger 16,98 m von einander entfernt.

Die gesamte Brückenlänge setzt sich somit zusammen aus:

a) 2 Seitenöffnungen, je 2 · 56,60 = 113,20 . . .	226,40 m
b) 2 Stützöffnungen der Kragträger 2 · 33,96 . .	67,92 »
c) 1 Mittelöffnung 3 · 56,60 m	169,80 »
zusammen	464,12 m

Fig. 8.

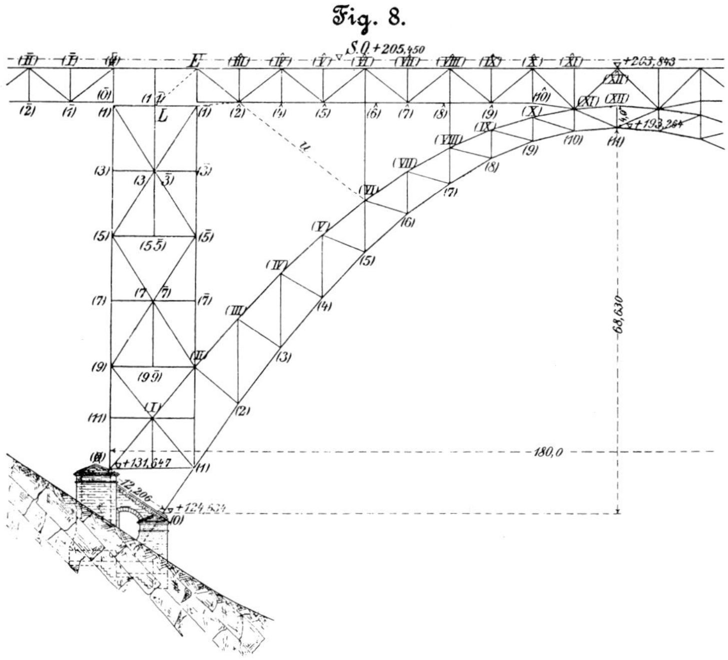

3) Beschreibung der ausgeführten Brücke, Fig. 7.

Von der Maschinenbau-A.-G. Nürnberg wurden im Einvernehmen mit der Eisenbahndirektion nach meinen Angaben und unter meiner Leitung für den Bogenbrückenentwurf zwei allgemeine Anordnungen des Bogens: ohne und mit Kämpfergelenken, studirt, zu denen auch einige grundlegende Vorschläge des Abgeordneten der Eisenbahndirektion, Regierungsbaumeisters Carstanjen, Annahme fanden. Durch diese parallel laufenden Studien wurde rasch aufser der schon von vornherein erkannten Ueberlegenheit des Bogens mit Flächenlagerung für die Montage auch der geringere Materialverbrauch festgestellt. Eingereicht wurde deshalb nur der Entwurf für Anordnung des Bogens mit Flächenlagerung. Für die anschliefsenden Gerüstbrücken wurde auf meinen Vorschlag von der vorgeschriebenen Weite von 30 m bis auf 45 m gegangen und die Gerüstpfeiler nur 15 statt 20 m lang gehalten, dabei aber nur die äufsersten niedrigsten Pfeiler für die Aufnahme der Bremskräfte vorgesehen.

A. Eiserner Ueberbau.

a) Allgemeine Anordnung.

Der Ueberbau setzt sich zusammen aus einer Mittelöffnung von 170 m mittlerer (160 m innerer und 180 m

Fig. 7.

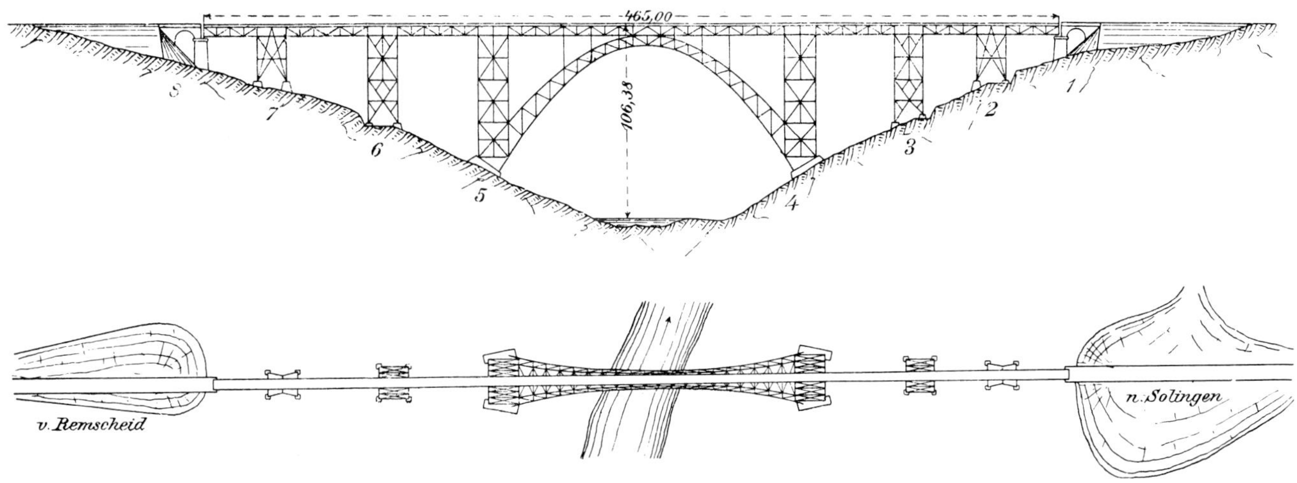

äufserer) Stützweite, welche die Thalsohle überspannt, und aus beiderseits anschliefsenden Gerüstbrücken, bestehend auf der Remscheider Seite aus 2 Oeffnungen zu 45 m und einer von 30 m Stützweite mit 2 zugehörigen Gerüstpfeilern von je 15 m Längsbreite, auf der Solinger Seite aus einer Oeffnung von 45 m und zweien zu 30 m Stützweite mit 2 Gerüstpfeilern wie zuvor.

Somit ist die Gesamtlänge der Eisenkonstruktion:

Remscheider Seite: 2 · 45 + 30 + 2 · 15	150 m
Bogen	180 »
Solinger Seite: 1 · 45 + 2 · 30 + 2 · 15	135 »
zusammen	465 m

Ueber den Bogenwiderlagern sind ebenfalls Gerüstpfeiler, aufserdem über dem Bogen in je 30 und 15 m Entfernung Pendelstützen angeordnet, über die sich die Gerüstbrücke in gleicher Anordnung wie an den Thalwänden über die ganze Bogenlänge fortsetzt; vergl. Fig. 8, Liniennetz.

Die Bogenträger haben im Scheitel 4,0 m, an den Auflagern 12,206 m Gurtmittelabstand, in der Bogenebene gemessen.

Die Knotenpunkte liegen auf Parabeln, deren Scheitel mit den Bogenscheiteln zusammenfallen, und daran tangirenden Geraden gegen die Kämpfer. Fig. 9 giebt die grundlegenden Mafse an.

Die Ausfüllung der Tragwände besteht aus Vertikalen in 7,5 m wagerechten Abständen und einfachen gegen die Mitte fallenden Diagonalen. Die beiden Tragwände sind gegen einander mit 1/7 zum Lot geneigt. Die Trägermittel sind im Bogenscheitel 5,0 m, am unteren Lager 25,685 m, am oberen 23,681 m von einander entfernt.

Der Windverband liegt in der Untergurtfläche; aufserdem sind bei allen Vertikalen zur Aussteifung der Obergurte und zur Uebertragung der dort aufgenommenen Windkräfte auf den Windverband senkrechte Querverbände angebracht. Der Windverband gabelt sich in den Endfachen nach den beiden oberen und unteren Auflagern. Die Lagerpunkte sind nicht durch Riegel verbunden.

Die Gerüstpfeiler, sowohl jene an den Thalwänden als die über den Bogenwiderlagern, haben um $^1/_7$ gegen das Lot geneigte Längswände mit 5 m oberem Querabstand; die senk-

Fig. 9.

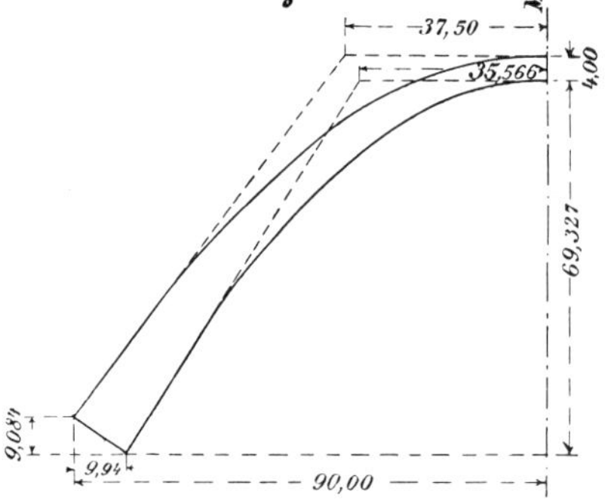

rechten Querwände sind 15 m von einander entfernt. Die Geschosshöhen sind normal 11,0 bis 12,0 m, richten sich aber im übrigen, insbesondere in den unteren Teilen, nach der Bodengestaltung.

Sowohl Längs- als Querwände haben neben den wagerechten Riegeln doppelte Diagonalenausfüllung. Die Auflager sind ebenso wie bei dem Bogen nicht durch Quer- oder Längsriegel verbunden. In der Ebene der Horizontalriegel sind Horizontalverbände angeordnet.

Die beiden äufsersten Pfeiler No. 2 und 7 (je gegen Solingen und Remscheid) sind als Ankerpfeiler besonders ausgebildet. Mit ihnen sind die über mehrere Felder durchlaufenden Obergurte der Gerüstbrücke fest verbunden.

Die Säulen der Pendelpfeiler, die sich mit Flachgelenken auf den Bogen stützen, liegen in der Bogenebene und sind durch feste Querrahmen so ausgebildet, dass sie Querkräfte von der Fahrbahn und der Gerüstbrücke auf den Bogenwindträger zu übertragen vermögen.

Sämtliche Lagerpunkte des Bogens und der Gerüstpfeiler sind den Bedürfnissen entsprechend mit den Mauerkörpern fest verankert.

Die Gerüstbrücken mit 15, 30 und 45 m Stützweite haben senkrechte Tragwände von 6,0 m Höhe mit 5,0 m gegenseitigem Mittelabstand und einfache Dreieckausfüllung mit Fachen von durchgehends 7,5 m Weite. Der Haupthorizontalverband ist in der Obergurtebene und ohne Zuhülfenahme der Fahrbahnkonstruktion gebildet. In den Feldern von 30 und 45 m haben auch die Untergurte einen Windverband. In der Ebene der Endvertikalen sind Querrahmen zur Uebertragung der Auflagerkräfte des oberen Windverbandes auf die Lager vorhanden.

Die Gerüstbrücke läuft, wie schon angegeben, über die ganze Brückenlänge in genau gleicher grundsätzlicher Anordnung durch. Ueber dem Bogen sind die Stützweiten 30 und 15 m, und die Trägerlager auf den Pendelpfeilern sind so eingerichtet, dass statische Unsicherheit nicht entsteht; es sind also die Trägeruntergurte an die Pendelstützen nur mittels Schlitzlochverbindung angeschlossen, während die Träger in den oberen Knotenpunkten mittels Bolzenlager auf den Pendelsäulen gelagert sind.

Die Gerüstbrücken haben über den Gerüstpfeilern und Widerlagern ausschliefslich Rollenlager.

Die Obergurte gehen je über die sämtlichen Seitenfelder und Gerüstpfeiler auf Solinger und Remscheider Seite und ebenso über die ganze Bogenlänge durch und sind mit den Ankerpfeilern 2 und 7 und mit dem Bogenscheitel zur Aufnahme von Längskräften, die in der Fahrbahn auftreten, fest verbunden. Ueber den Querwänden der Gerüstpfeiler sind die durchgehenden Obergurte als Flachgelenke konstruirt, damit durch die Einbiegung der Gerüstträger keine Nebenspannungen entstehen.

Die so gebildeten drei Gruppen Träger sind über den inneren Querwänden der Pfeiler 4 und 5 getrennt, indem die dort angeordneten Verbindungen gröfsere Längenänderungen für jede der zusammenstofsenden Trägergruppen zulassen.

Das Fahrbahngerippe besteht aus Quer- und Schwellenträgern und eisernen Querschwellen, die aufser auf den Schwellenträgern für jedes Gleis noch auf 3 sogen. Entgleisungsträgern gelagert sind. Die Querträger sind über den oberen Knotenpunkten der Gerüstträger in Tangentiallagern gelagert und durch Coupillen gegen Längs- und Querverschiebung gesichert. Die Bremskräfte und alle übrigen längs der Fahrbahn wirkenden Kräfte werden in jedem Fache durch die äufseren, über den Tragwänden der Gerüstträger gelagerten Schwellenträger unmittelbar auf die Obergurte der Gerüstträger übergeführt. Die wagerechten Querkräfte werden durch die zwischen den Schwellenträgern befindliche Horizontalverspannung auf die Querträger und durch diese auf den oberen Verband der Gerüstbrücken übertragen. Ueber den 2 Trennungspunkten (Pfeiler 4 und 5) der 3 Trägergruppen bezüglich der Längskräfte sind die Schwellenträger längsverschieblich und Schienenauszugvorrichtungen angeordnet. Eine Längenänderung bis zu 200 mm ist möglich.

Die Fufswege und der Streifen zwischen den beiden inneren Entgleisungsträgern sind mit Riffelblech abgedeckt.

b) Begründung der gewählten Anordnung.

Der Bogen mit breiter Flächenlagerung entstand aus der Ueberlegung, dass es wegen der wagerechten Quer- und Längskräfte zweckmäfsig sein müsse, die für die Thalhänge ökonomischen Gerüstbrücken in der Weise über der eigentlichen Thalsohle, wo die Pfeiler aufserordentlich hoch werden, fortzusetzen, dass man für eine grofse Mittelöffnung von den hochgelegenen Thalwänden aus zwei Pfeiler thunlichst rechtwinklig zu den Thalwänden stellt und sie vermittels geringer Krümmung zu einem Bogen mit sehr grofser Pfeilhöhe ausbildet. Diese Anordnung hat zunächst für die Montirung, die ja ohne Gerüst erfolgen musste, den grofsen Vorteil, dass die gröfsten Eisenquerschnitte, also die Haupteisenmengen, an den Auflagern erforderlich sind, während die Querschnitte gegen die Mitte zu sich verkleinern. Nach den Höhenlagen der Thalwände ergab eine Untersuchung verschiedener Stützweiten, insbesondere von 160 und 180 m, die Weite von 170 m mit $^1/_7$ Neigung der Tragwände als die zweckmäfsigste und wirtschaftlichste.

Mit der gewählten Anordnung werden auch die in den felsigen Thalwänden gegebenen grofsen Vorteile voll ausgenutzt. Es brauchen die Auflagerkörper nicht gröfser zu sein, als die erforderlichen Verankerungen und die Druckverteilung bedingen.

Die einfache Dreieckausfüllung für die Bogenwände wurde genommen, um einerseits das Trägersystem rechnerisch thunlichst durchsichtig zu gestalten, und anderseits erschien es richtig, dem Bauwerk seinem grofsen Charakter entsprechend mit einfachen Linienzügen ein schönes Aussehen zu geben. Die Anordnung eines über dem Bogen durchlaufenden Fachwerkträgers ergab sich von selbst als notwendig und ist nicht weiter zu begründen. Ebenso erschien es aus konstruktiven und Schönheitsrücksichten erforderlich, die Fachteilung für Bogen und Fachwerkträger gleich zu gestalten. Die senkrechte Stellung der Fachwerkträger gegenüber der notwendigen Schrägstellung der Bogenträger und Pfeilerlängswände wurde wegen einfacherer Gestaltung der Plattform und der oberen Horizontalverbände als zweckmäfsig erachtet. Der Windverband des Bogens wurde in die Fläche des Untergurtes gelegt, weil dort der gegenseitige Abstand der Gurtungen gröfser ist als in der Obergurtfläche und weil die Untergurtquerschnitte gröfser sind als die oberen. Die Teilung des Verbandes bei Punkt 1 gegen ⊗ und 0 (vergl. Fig. 8) wurde angordnet, damit bei Entlastung des einen dieser beiden Punkte durch Temperatur-, Wind- oder Bremskraft der andere immer genügende Auflagerung des Windträgers giebt. Eine gleichzeitige Entlastung der Punkte ⊗ und 0 einer Tragwand tritt, wie sich aus den Rechnungen ergab, nicht ein. Es war deshalb ursprünglich auch die Absicht gewesen, die Bogenauflagerpunkte nicht zu verankern. Für diese Anordnung wären natürlich die Riegel ⊗ — 0 in die Längswände einzuschalten gewesen, und der Bogen hätte bei Entlastung eines Lagerpunktes als Zweigelenkbogen gewirkt. Die Eisenbahndirektion bestimmte jedoch in Rücksicht auf die immerhin grofse Länge des Riegels von 12,5 m und die damit gegebene nicht unbedeutende Längenänderung durch Temperaturunterschiede den Wegfall der Riegel und die Anwendung von kräftigen Ankern mit starken Flächenrosten.

Bei den Gerüstpfeilern wirkt in hohem Mafse gewicht- und kostenmehrend die Bremskraft. Diese nimmt aber nur auf die Länge der 3 Lokomotiven = 3 · 15,6 = 46,8 m mit der Belastungslänge stetig zu oder ab; auf gröfsere Belastungslängen ist die Zunahme der Bremskraft nurmehr gering, da nur jeder dritte Wagen als Bremswagen gedacht ist. Es erscheint deshalb vorteilhaft, die Bremskraft auf möglichst grofse Längen immer nur in je einem Punkt aufzunehmen; daher wurde für die Gerüstbrücken links und rechts und für die Fachwerkbrücke über dem Bogen je ein Lagerpunkt geschaffen. Bei den Gerüstbrücken hat man selbstverständlich die niedrigsten Pfeiler No. 2 und 7 und für die Bogenstrecke den Bogenscheitel als Lagerpunkt gewählt. Diese Anordnung hat es auch ermöglicht, den Gerüstpfeilern nur 15 m Längsbreite zu geben und Gerüstbrücken bis 45 m Weite zu nehmen. Die grofse Fachweite von 7,5 m war zweckmäfsig wegen gleichmäfsiger Ausbildung der Gerüst- und Bogenträger und um die Schwellen- und Querträger, die unmittelbare Belastungen aufzunehmen haben, kräftig zu erhalten. Eine engere Fachteilung hätte zwar etwas geringere Eisengewichte ergeben, allein gegenüber den erwähnten Vorteilen schien diese Ersparnis nicht von Belang.

c) Kurze Erläuterung der statischen Berechnung.

α) Bogen.

Verlängert sich in einem aus aneinandergereihten Dreiecken bestehenden Stabnetz, Fig. 10, ein beliebiger Stab *ab* von der Länge *s* um das Mafs Δs, so machen die zu beiden Seiten des Stabes *ab* befindlichen Teile des Stabnetzes eine relative Bewegung gegen einander. Denkt man sich den

Fig. 10.

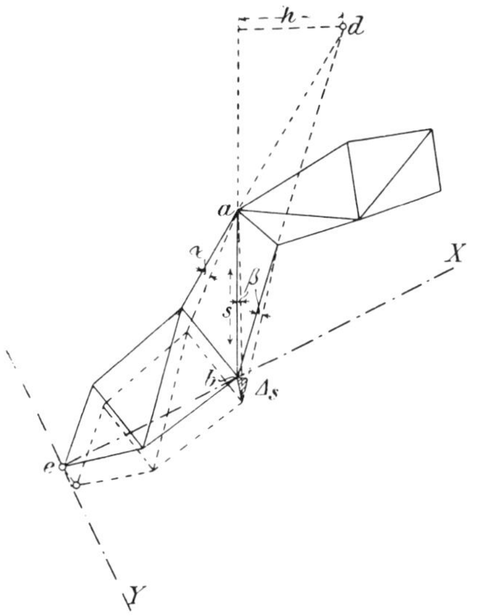

einen Teil des Netzes in seiner Anfangslage verblieben, so dreht sich der andere Teil um den sogenannten Drehpunkt des Stabes, den man dadurch erhält, dass man durch den Stab einen Schnitt legt, welcher nur noch zwei andere Stäbe trifft, und diese beiden durch Verlängerung zum Schnitt bringt. Das Mafs der Drehung ist

$$\Delta\delta = \frac{\Delta s}{h}.$$

Ein Punkt *e* des Netzes macht nach zwei auf einander senkrechten, aber sonst beliebigen Richtungen *X* und *Y* die Bewegungen:

$$\Delta x = y_d \cdot \Delta\delta = \frac{\Delta s \cdot y_d}{h}$$

$$\Delta y = x_d \cdot \Delta\delta = \frac{\Delta s \cdot x_d}{h},$$

wobei x_d und y_d die Koordinaten des Stabdrehpunktes *d* inbezug auf das Achsensystem *XY* bedeuten.

Aendern statt nur eines Stabes mehrere Stäbe ihre Länge, so sind die vorstehenden Ausdrücke für die einzelnen Stäbe aufzustellen und zu summiren. Man erhält folgende Gesamtdrehung und Verschiebungen des Punktes *e*:

$$\delta = \Sigma\left(\frac{\Delta s}{h}\right)$$

$$\Sigma(\Delta x) = v = \Sigma y\left(\frac{\Delta s}{h}\right)$$

$$\Sigma(\Delta y) = w = \Sigma x\left(\frac{\Delta s}{h}\right)$$

Werden die Verlängerungen Δs durch Spannungen hervorgerufen, die durch äufsere Belastungen verursacht sind, so ist für einen bestimmten Stab

$$\Delta s = \frac{\mathfrak{M} s}{h F E},$$

worin für den betreffenden Stab $\mathfrak{M}$ das Moment der äufseren Kräfte inbezug auf den Stabdrehpunkt und *F* die Querschnittfläche bedeutet.

Dann lauten die Gleichungen:

$$\delta = \Sigma \frac{\mathfrak{M} s}{h^2 F E}$$

$$v = \Sigma\left(y \frac{\mathfrak{M} s}{h^2 F E}\right)$$

$$w = \Sigma\left(x \frac{\mathfrak{M} s}{h^2 F E}\right).$$

Der gelenklose Fachwerkbogen mit einfacher Ausfüllung ist nichts anderes als ein Stabgebilde der vorbeschriebenen Art, das an seinen Enden zwischen Mauerwerk eingespannt ist. Denkt man sich das eine Ende dieses Bogens am Mauerwerk festgehalten und das andere Ende vorläufig freigemacht, so wird letzteres unter dem Einfluss irgend einer Belastung eine Bewegung machen, die sich mit Hülfe der vorhin aufgestellten Formeln genau bestimmen lässt. Umgekehrt kann man mit Hülfe derselben Formeln eine Kraft *R* von solcher Gröfse und in solcher Lage ermitteln, dass sie die Bewegung des freien Endes rückgängig macht. Nennt man die in den Formeln vorkommenden Ausdrücke $\left(\frac{s}{h^2 F E}\right)$ »elastische Gewichte« und belastet die »Drehpunkte« aller Stäbe mit den ihnen zukommenden elastischen Gewichten, die senkrecht zur Trägerebene gerichtet sein mögen, so kann man die Zentralellipse dieses Kräftesystems zeichnen. Kennt man nun für gewisse Belastungsfälle, z. B. für Temperatur und Ausweichen der Widerlager, von vornherein die Bewegungen, welche der freigehängte Bogenkämpfer machen würde, und kann man also auch den Punkt angeben, der den Mittelpunkt für die Drehung bildet, als welche die Bewegung angesehen werden kann, so ist die gesuchte Reaktion die Antipolare jenes Bewegungsmittelpunktes inbezug auf die vorbezeichnete Zentralellipse und kann demnach in vielen Fällen schon aus der Anschauung heraus ohne weiteres ihrer Lage nach angegeben werden.

Vorteilhaft zerlegt man zum Zweck der analytischen Bestimmung *R* an einer beliebigen Stelle in eine lotrechte und eine wagerechte Seitenkraft (*V* und *H*), Fig. 11, und betrachtet die beiden letzteren sowie etwa den Abstand *y* zwischen *H* und der *X*-Achse als die gesuchten Gröfsen. Man nimmt sie einstweilen als bekannt an, berechnet für jeden Stab das Moment $\mathfrak{M}$ der gesamten äufseren Kräfte, setzt die Werte für alle Stäbe in die 3 Grundgleichungen ein und erhält somit 3 Gleichungen zwischen den 3 Unbekannten *V*, *H* und *y*, die zu ihrer Bestimmung genügen. *R* ist nichts anderes als die Reaktion des dreifach statisch unbestimmten gelenklosen Bogens in seinem einen Auflager; die andere ergiebt sich unmittelbar durch Schliefsen des Kräftepolygons. Damit ist alles bestimmt, was für den gegebenen Belastungsfall zur Bestimmung der Stabspannungen notwendig ist. Diese Berechnungsart entspricht dem von Culmann gezeigten Wege.

Fig. 11.

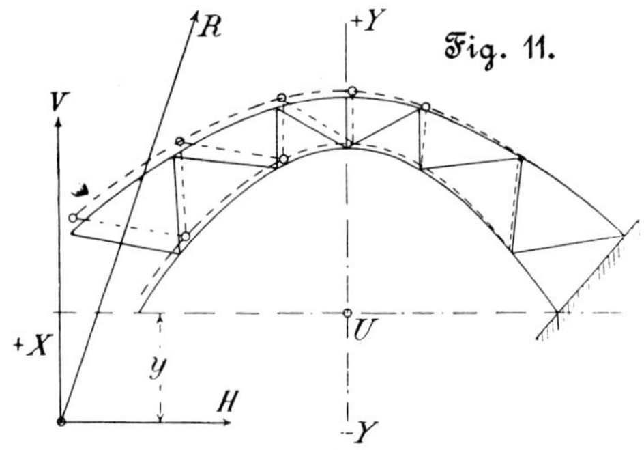

Winkler geht bei seiner Berechnung des eingespannten Fachwerkbogens vom geschlossenen Ringe aus. Der geschlossene Fachwerkring mit einfacher Ausfüllung ist dreifach statisch unbestimmt. Wird der Ring an irgend einer Stelle durchschnitten, so hat man ein statisch bestimmtes Stabnetz von der Art des eingangs dargestellten, und die von einander abgetrennten Enden machen unter der Einwirkung irgend einer äufseren Belastung eine Bewegung gegen einander, die sich mit Hülfe der oben aufgestellten Grundgleichungen sofort berechnen lässt. Umgekehrt kann man wie oben, mittels derselben Formeln, eine Kraft R von solcher Gröfse und Richtung berechnen, dass sie, an dem Ringe angebracht, seine beiden gelösten Enden wieder vollständig zusammenführt. Ist aber die Kraft R oder deren Seitenkräfte V und H ihrer Gröfse und Lage nach bestimmt, so lassen sich alle Stabspannungen des dreifach statisch unbestimmten Ringes ermitteln.

Alles das bleibt auch noch gültig, wenn eine beliebige Zahl von Stäben des Ringes starr ist, sodass für sie $F = \infty$ und $\Delta s = 0$ wird. Denkt man sich nun einen zusammenhängenden Teil der Ringstäbe starr und durch feste Widerlager und den Baugrund ersetzt, Fig. 12, so hat man den eingespannten Bogen, für den also alles gilt, was

Fig. 12.

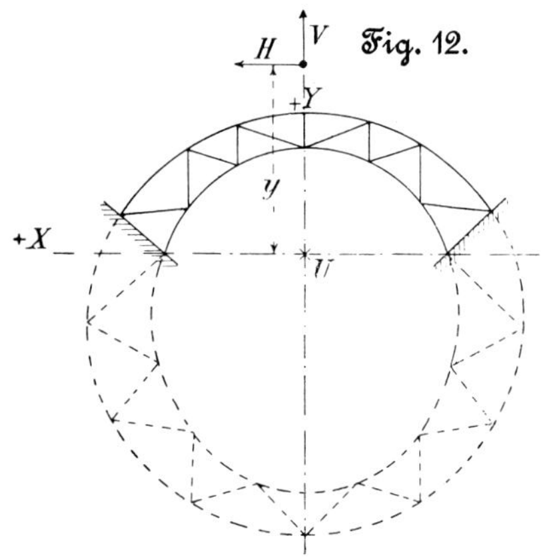

vorher vom Ringe gesagt ist. In der Rechnung ist der Bogen im Scheitel durchschnitten gedacht, und es sind daselbst behufs Wiederzusammenführung der getrennten Enden die Kräfte V und H angebracht worden. Bei allen symmetrischen Belastungen wird $V = 0$.

Ob der Rechnung die eine oder die andere Anschauungsweise zugrunde liegt, in beiden Fällen werden die gleichen Summen der Gröfsen $(\Delta \delta)$, $(y \Delta \delta)$ und $(x \Delta \delta)$ gebraucht; beide Anschauungsweisen konnten deshalb bei Berechnung des Müngstener Bogens neben einander zur Anwendung kommen.

Es wurden folgende Belastungsfälle durchgerechnet:

1) das Eigengewicht,

2) die Verkehrslasten (beide Gleise belastet, Zugtrennungen zugelassen),

3) die Bremskräfte (unter Annahme wie zuvor),

4) die Temperaturschwankungen (± 30° C),

5) das Ausweichen der Widerlager (Berücksichtigung der zu erwartenden gröfsten Ausführungsfehler in der Spannweite und in der gegenseitigen Höhenlage der Widerlager),

6) der Winddruck auf die belastete und die unbelastete Brücke.

Hinsichtlich der Ermittlung der vom Windeinfluss herrührenden Spannungen ist noch zu sagen, dass sie nach der von Winkler im »Civilingenieur« 1884 gezeigten Weise erfolgte. Mit den Strebenkräften der gekrümmten Windverspannung in der unteren Bogenleibung wurden Spannungen in den sämtlichen Stäben der beiden Bogenwände ins Gleichgewicht gesetzt, sodass die Hauptträger mit ihren sämtlichen Querverspannungen dem Winde gegenüber als räumliches System wirken.

β) Gerüstpfeiler.

Die Gerüstpfeiler zerfallen in solche, die nur Kräfte in der Querrichtung zur Brücke, und solche, die sowohl Quer- als Längskräfte aufzunehmen haben. Die letzteren heifsen Ankerpfeiler.

Die ersteren bestehen im wesentlichen aus je zwei zu einander parallelen lotrechten Querwänden, deren Eckpfosten unter einander durch leichte Verspannungen verbunden sind, deren Ebenen also parallel zur Brückenachse liegen.

Die Ankerpfeiler bestehen aus je vier Querwänden. Davon stehen je zwei lotrecht, während die beiden anderen gegen einander geneigt sind und sich in einem Grat treffen, der in Höhe der Obergurte der Gerüstbrücken liegt. Sie sind daselbst fest mit jenen Gurten verbunden und nehmen aus ihnen die Längskräfte auf. Leichte Verspannungen verstreben die Eckpfosten, daher auch die vier Wände gegen einander.

Die sämtlichen senkrechten und geneigten Querwände aller dieser Pfeiler haben die in Fig. 13 dargestellten Formen. Die Füfse sind sämtlich mit dem Mauerwerk fest verankert,

Fig. 13.

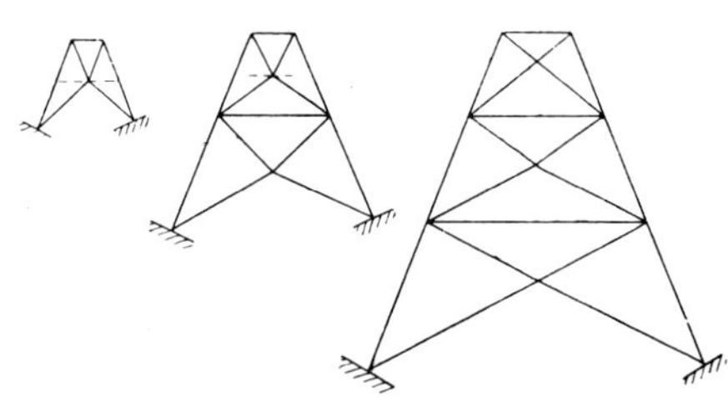

und daher sind alle diese Fachwerke als elastische Bogen anzusehen. Je nachdem die Ausfüllung aus einem, zwei oder drei Kreuzen besteht, sind die Bogen einfach, zweifach oder dreifach statistisch unbestimmt. Die Unbestimmtheit fällt für solche Belastungen, die in symmetrischen Stäben gleich grofse, aber entgegengesetzt gerichtete Stabspannungen hervorrufen — wie das z. B. hinsichtlich der Windkräfte angenommen werden darf — vollständig fort. Für alle anderen Belastungen mussten die inneren Kräfte mittels der Elastizitätstheorie ermittelt werden. Dabei wurden die wagerechten Querriegel als überzählige Stäbe angesehen und ihre Beanspruchungen sowie ihr Einfluss auf die Beanspruchungen der übrigen Stäbe mittels des Prinzips der virtuellen Arbeiten gefunden.

d) Einzelheiten der Konstruktion.

Hierzu sei an dieser Stelle nur kurz bemerkt, dass aufser den aus der Gröfse und Anordnung des Bauwerkes sich ergebenden Eigenarten in erster Linie die beabsichtigte Montirungsweise zu berücksichtigen war. Auf die Einzelheiten selbst hier einzugehen, würde zu weit führen; zudem ist eine eingehende Veröffentlichung geplant, die schon ziemlich weit vorbereitet ist.

B) Mauerkörper.

Zunächst sei hervorgehoben, dass die sämtlichen Gründungsarbeiten und Mauerkörper von der Eisenbahndirektion entworfen und im einzelnen bearbeitet wurden.

a) Untergrund.

An den Thalhängen fand sich überall in 0,5 bis 3 m Tiefe unter der Oberfläche Thonschieferfels, dessen Festigkeit im trockenen Zustande 1300 kg/qcm, mit Wasser gesättigt 1100 bis 1300 kg/qcm betrug. Die Beanspruchung der Gründungssohle wurde nirgends über 6 bis 7 kg/qcm gewählt.

b) Mauermaterialien.

Von der ursprünglichen Absicht, den Thonschiefer, wie er sich im Wupperthal findet, für Füllmauerwerk zu verwenden, wurde Abstand genommen; die sämtlichen Mauerkörper sind aus Ruhrkohlensandstein mit Wasserkalkmörtel [1 : 2] mit geringem Zementzusatz und einer Beanspruchung von 10 bis 12 kg/qcm hergestellt worden. Für Gesimse und Abdeckplatten wurde Eifelsandstein und für die Auflager Granit aus Blauberg im Fichtelgebirge verwendet. Die Auflagersteine werden mit 50 kg/qcm beansprucht.

c) Anker.

Die Anker sind unverzinkt, aber mit Zementanstrich versehen unzugänglich in das Mauerwerk eingebettet, weil dadurch am sichersten ein Schutz gegen Rost erwartet wird. Während des Baues wurden die Anker in offenen Kanälen versetzt, um sie nachregeln zu können. Die Anfangsspannung der Anker ist so grofs gewählt, dass weder infolge von Temperaturerhöhung noch durch die gröfste negative Reaktion Lockerungen stattfinden. Zu beachten war, dass bei der niedrigsten Temperatur eine Ueberbeanspruchung der Anker nicht entstehen darf.

Bei der Verwendung der Anker ging man von der Anschauung aus, dass im Ruhezustande der mit Anfangsspannung versehene Anker *a b*, Fig. 14, das Mauerwerk presst, während seine Verlängerung *b c* ungespannt ist. Durch das Anspannen von *b c* wird alsdann das Mauerwerk um das entsprechende Mafs entlastet, während die Spannung in *a b* ungeändert bleibt.

Fig. 14.

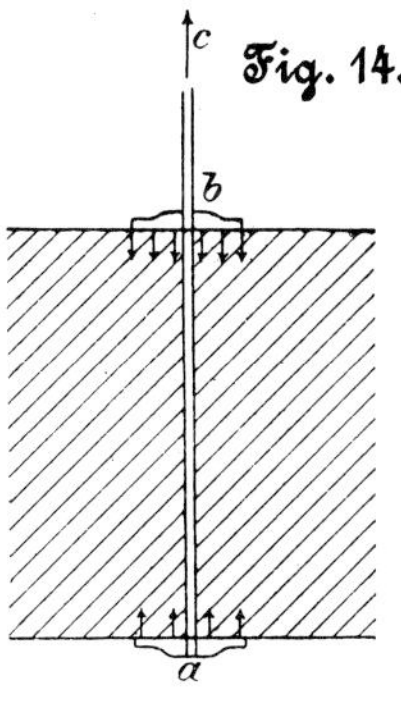

d) Aeufsere Gestaltung und Abmessungen.

Bei Aufstellung des Entwurfs war geplant, nur so tief in den Boden zu gehen, wie es zur Erreichung tragfähigen Felsens durchaus erforderlich wäre. Es sollten alsdann die Anker mittels Bohrungen weiter in den Felsen vorgetrieben werden. Dies erwies sich als unausführbar, da behufs Einbringung der erforderlichen grofsen Ankerroste die ganze Sohle hätte aufgebrochen werden müssen. Deshalb führte man das Mauerwerk so tief hinab, dass man dadurch genügende Ankerlast erhielt. Da dieses Verfahren ohnehin sehr grofse Massen bedingte, wurde im übrigen bei der Formgebung mit äufserster Sparsamkeit verfahren. Insbesondere sind die Bogenwiderlager so konstruirt, dass sie einerseits die Drucklinien zentral einhüllen, anderseits die Ankerroste noch gerade umschliefsen.

4. Bearbeitung der Eisenteile im Werk.

Zu den Ueberbauten wurde nur basisches Flusseisen, und zwar Martineisen zu den Blechen und Thomaseisen zu allen übrigen Stäben verwendet.

Die Ueberbauten wurden in der Brückenbauanstalt Gustavsburg nach dem sogenannten Zulageverfahren hergestellt. Die Konstruktionen oder gröfsere Teile derselben wurden auf festen Zulagen aus den einzelnen ungebohrten, sonst aber fertig bearbeiteten Eisenstäben und Platten zusammengebaut und dann vermittels fahrbarer Kranbohrmaschinen gebohrt. Die Pfeilerwände und Hauptträger der Gerüstbrücken wurden je im ganzen, die Hauptträger des Bogens je in den 3 Stücken $0\,\overline{8}$, $8\,\overline{8}$ und $\overline{8}\,\overline{0}$ (s. Fig. 8) mit allen für die Anschlüsse dienenden Teilen zugelegt.

Bei den Zulagen wurden die wegen der Einsenkung der Träger durch das Eigengewicht nötigen Ueberhöhungen berücksichtigt.

Nachdem die Eisenbauten in den Zulagen fertig gebohrt waren, wurden sie wieder auseinander genommen, die Bohrgrate abgekurbelt, die einzelnen Eisenteile mit Salzsäure gereinigt, mit Schuppenpanzerfarbe gestrichen und zum Nieten wieder zusammengesetzt.

Da die Nietarbeit auf dem Bauplatze auf das äufserste zu beschränken war, wurden im Werke die Teile in den für Versand und Montirung noch angängigen Gröfsen vernietet.

Die im Werke für die Zulagen verwendeten eisernen Mafsstäbe waren mit jenen auf der Baustelle genau abgeglichen worden.

5. Bauvorgang.

(Vergl. hierzu den Lageplan, Tafel XXV.)

a) Allgemeines.

Die Zufuhr auf der Eisenbahn zur Baustelle war nur von der Solinger Seite aus möglich, da die Linie auf der Remscheider Seite in der Ausführung noch im Rückstande war. Es musste deshalb am Solinger Widerlager ein grofser Werkplatz geschaffen und von dort aus eine Förderbahn zu den einzelnen Baugegenständen, also auch über die Wupper weg bis nach dem Remscheider Widerlager, angelegt werden. Aufserdem war der ganze Bauplatz mit Nutzwasser zu versorgen, was nur von der Wupper aus geschehen konnte. Endlich sollten die an den einzelnen Baustellen erforderlichen Baumaschinen, ferner das Pumpwerk im Thale und die Förderbahn elektrisch betrieben und die Plätze elektrisch beleuchtet werden. Es war somit eine elektrische Kraft- und Lichtzentrale anzulegen. Da es einfacher war, das Speisewasser für diese Zentrale aus dem Thale in die Höhe zu schaffen, wo man ohnehin des Wassers bedurfte, als die Kohlen mit Landfuhrwerk vom Bahnhof Solingen aus ins Thal zu bringen, so wurde die Zentrale zweckmäfsig auf der Solinger Seite in Höhe der Bahnkrone angeordnet. Die Anlage eines Hochbehälters war nach Lage der Dinge nicht zu umgehen. Er wurde rd. 8 m über Schienenoberkante, also rd. 115 m über dem Wupperwasserspiegel, auf der Solinger Seite errichtet.

Die Brücke zur Ueberführung der Förderbahn und des Verkehres von einer Thalwand zur andern lag mit Schienenoberkante 31 m über dem Wupperwasserspiegel und bestand zumteil aus Eisen, zumteil aus Holz, wie es die vorhandenen Pfeiler und Träger ergaben.

Aufser diesen Anlagen waren natürlich ein grofses Baubureau, Werkstätten, Materialschuppen auf der Solinger und teils auch auf der Remscheider Seite und eine Telephonanlage vom Bureau zu sämtlichen Baustellen zu errichten. Für den Betrieb der Förderbahn war zeitweise ein optischer Signaldienst nötig. Für den Verkehr der Beamten und Arbeiter von einer Baustelle zur andern mussten Fufswege (Treppen) gebaut werden.

b) Werkplatz.

Wie aus dem Lageplan, Tafel XXV, ersichtlich, war das der Maschinenbau-A.-G. Nürnberg zur Benutzung überlassene Gelände auf der Solinger Seite für einen Werkplatz nicht ohne weiteres verwendbar. Um den rd. 7500 qm grofsen Werkplatz zu gewinnen, mussten über 10000 cbm Lehmboden und Schieferfelsen, letzterer zu einem grofsen Teile erst durch Sprengung, gelöst und bewegt werden. Die auf dem Platze angelegten Gleise und Ladevorrichtungen sind ohne weitere Erklärung verständlich. Die 3 fahrbaren Ladekrane wurden von Hand angetrieben. Auf dem geebneten Werkplatz waren untergebracht: die Maschinenstation, bestehend aus 2 ausziehbaren Röhrenkesseln und 2 stehenden Tandem-Dampfdynamos von je 23000 Watt Leistung, eine Schmiede mit Schlosserei, ein

Werkzeugmagazin, ein Materialmagazin, eine maschinelle Mörtelbereitungsanlage und das Windwerk für die Solinger Seite der Bremsbahn. Etwas erhöht gegen den Werkplatz waren das Bureau für die Bauleitung, der Hochbehälter und einige Aufenthaltshütten für Meister, Vorarbeiter, Arbeiter usw. errichtet.

c) Bremsbahn mit zugehöriger Gleisanlage und vorübergehender Ueberbrückung der Wupper.

Beim Entwurf der entsprechend dem Werkplatz südlich von der Brücke anzulegenden Förderbahn von der Solinger Seite zu den einzelnen Bauplätzen der beiden Thalwände war zunächst zu entscheiden, ob die Bahn zwei- oder eingleisig werden sollte. Zweigleisig wäre sie für den Betrieb in jeder Hinsicht vorteilhafter gewesen; allein wegen der verschiedenen Höhenlage der Baustellen wäre ein Ausgleich der auf- und abwärtsgehenden Lasten und die Anlage zweckmäfsiger Abzweigungen unmöglich gewesen. Man entschied sich deshalb für eingleisige Anlage der Bahn auf den Hängen und zweigleisige Ausführung zwischen den beiden Bogenwiderlagern, also insbesondere über der Förderbrücke. Die Abzweigung aus den eingleisigen Strängen zu den einzelnen Bauplätzen war, wenn auch schwierig, doch mit genügender Sicherheit durch Weichenanlagen durchzuführen. Betrieben wurde die Bahn, deren Spurweite 800 mm betrug, auf jeder Thalseite mittels je eines elektrisch angetriebenen Seilwindwerkes. Auf der Solinger Seite stand das Windwerk, wie schon erwähnt, auf dem Werkplatze, auf der Remscheider Seite zunächst dem Endwiderlager. Das Gefälle der Bahn stieg bis 57 pCt (Pilatusbahn). Die gröfste Nutzlast eines Zuges betrug rd. 10 t, das Gewicht mit den zwei zugehörigen Wagen rd. 12 t. Die Windwerke besafsen eine Leistung von je 23 PS. Die mittlere Geschwindigkeit, mit der die Bahn betrieben wurde, war 1,1 m/sek. Das Stahldrahtseil hatte 31 mm Dmr. Die Abzweigungen zu den einzelnen Bauwerken wurden durch Zungenweichen und Kurven von 15 und 30 m Radius vermittelt. Wie schon angeführt, lag die Bahn südlich von der Brücke, also auch südlich von den einzelnen Baustellen. Selbstverständlich ging man dabei so nahe wie möglich an diese heran. Da aber die unteren Bogenkämpfer schon rd. 25,7 m Mittelabstand haben, so musste die Bahn in Rücksicht auf die zumteil bis über 20 m tiefen Baugruben für die Widerlager 20 m weit von der Brückenachse entfernt angelegt werden. Anderseits sollte sie jedoch unter dem Bogen der Brückenachse wieder thunlichst nahe kommen, damit die einzelnen Eisenstücke von dort aus bei freier Montage des Bogens mit den in Plattformhöhe stehenden Drehkranen zum Einsetzen angehoben werden könnten. Die Hülfsbrücke ist deshalb im Grundriss gebrochen angeordnet und nähert sich in den beiden Mittelfeldern der Brückenachse auf 8 m.

Zur Zeit des stärksten Materialbedarfes bei Herstellung der Mauerkörper war diese eingleisige Bahn natürlich nicht leistungsfähig genug; sie war deshalb während dieser Zeit Tag und Nacht in Betrieb.

Erwähnenswert sind noch die eigenartigen Einrichtungen der Wagen, um den Transport der schweren und langen Konstruktionsstäbe bei den starken Gefällbrüchen und scharfen Kurvenabzweigungen zu ermöglichen. Die Schemel gewährten nämlich Beweglichkeit nicht nur im wagerechten, sondern auch im senkrechten Sinne.

Von Interesse sind auch unter anderem die Seilführung, die Kupplung des Seiles mit den Wagen und die Achsstellung der Wagen wegen der grofsen Neigungen: die Achsen waren nicht symmetrisch zur Wagenmitte angeordnet.

Der Betrieb für den Transport von Material zur Solinger Baustelle war einfach. Die Wagen wurden zur Baustelle abgelassen, abgeladen und leer zurückgezogen. Bei dem Transport für die Remscheider Seite gingen die beladenen Wagen zur Brücke ab, wurden dort wegen der unsymmetrischen Achsstellung gedreht, von Hand über die Brücke geschafft und dann aufgezogen. Gleichzeitig kamen auf dem zweiten Gleise leere Wagen von der Remscheider Seite zurück, die nach erfolgter Drehung an der Solinger Seite hochgezogen wurden.

Auf der Solinger Seite konnte der Windenführer die Bahn nicht übersehen; deshalb wurde eine Einrichtung getroffen, durch die der jeweilige Stand der abzulassenden oder aufzuziehenden Wagen in seiner Standhütte erkennbar war.

Aufser der bereits erwähnten maschinellen Einrichtung sind noch die Aufzugvorrichtungen für die Montirung der Gerüstpfeiler und die 2 grofsen fahrbaren Drehkrane von 10 m Ausladung und 10 t Tragkraft hervorzuheben, die zur freien Montage dienten.

Zur Zeit des stärksten Betriebes genügten die beiden Dampfdynamos nur sehr knapp.

Im Juli 1893 wurde die Bauhütte aufgestellt und dann sofort mit Ebnung des Werkplatzes, Herstellung der Förderbahn einschliefslich vorläufiger Thalüberbrückung und Aufstellung der Maschinen- und Materialschuppen sowie der Maschineneinrichtungen begonnen. Am 10. April 1894 fand die landespolizeiliche Prüfung der Förderbahnanlage statt, und nun stand dem Beginn der eigentlichen Bauarbeiten nichts mehr im Wege.

d) Absteckung und Ausmessung der Brückenachse.

Nach Feststellung der Berührungspunkte der Tangente an die beiderseits anschliefsenden Kurven steckte man die genaue Brückenachse aus. Zu diesem Zwecke waren an 7 vorher durch eine staffelförmige Längenmessung festgelegten Stellen kleine Pfeiler aufgemauert und mit Abdeckquadern versehen worden. In diese Quadern wurden eiserne Platten, die unten Befestigungsstifte und oben je ein 6 mm dickes eingeschraubtes Eisenstäbchen (hellrot angestrichen) trugen, eingelassen und nach richtiger Einstellung mittels des Theodoliten mit Zement vergossen. Selbstredend wurde die so hergestellte gerade Brückenachse wiederholt genau kontrollirt und richtig gestellt.

Bei der darauf vorgenommenen Ausmessung wurde von der beabsichtigten Montage ausgegangen, d. h. es wurde zunächst eine thunlichst genaue Festlegung der Ankerpfeilerspitzen (Pfeiler 2 und 7) mit 390 m gegenseitiger Entfernung ins Auge gefasst. Die äufsersten Festpunkte an den beiden Thalwänden wurden deshalb so nahe wie möglich an die erwähnten Pfeiler gelegt und ihre Entfernung einerseits unmittelbar mit Mafsstäben und anderseits durch Triangulation bestimmt. Die unmittelbare Messung geschah nicht staffelförmig, sondern von den Festpunkten bis zum Hülfs-Thalübergang in der Neigung der Gehänge. Hierzu wurden die gröfsten Unebenheiten des Bodens beseitigt und mit Hölzern lange geneigte Linien hergestellt, auf denen gemessen wurde. Die Brechungspunkte nivellirte man sorgfältigst ein. Die Uebertragung auf die Wagerechte und die Einschaltung der Zwischenfestpunkte war dann nicht schwierig. Von den gemauerten Festpunkten aus wurden die einzelnen Mauerkörper eingemessen.

Als Kontrollmessung diente, wie schon angeführt, eine Triangulation. Hierzu legte man in der Thalsohle eine Grundlinie von 240,293 m fest, welche die Brückenachse unter einem Winkel von 77° 1' 56,5" schnitt. Die Triangulation wurde durch Ausgleichrechnung berichtigt. Die beiden Messungen, die mehrmals wiederholt wurden, ergaben gute Uebereinstimmung, indem die Abweichung bei rd. 420 m Entfernung nur 18 mm betrug. Die unmittelbaren Längenmessungen wurden mit eisernen Rohrmessstäben vorgenommen.

e) Grab- und Mauerarbeiten.

Die gesamten Grab- und Sprengarbeiten betrugen rd. 21 000 cbm; hiervon treffen 11 500 cbm auf die beiden Bogenwiderlager. Bei diesen lag der Fels zutage, weswegen alles gesprengt werden musste. Verbraucht wurden zu den Sprengarbeiten rd. 1600 kg Pulver und 1400 kg Dynamit.

Die Mauerarbeiten an den 8 Baustellen umfassen 10872 cbm; hierzu waren 18500 Rollwagenladungen Steine und rd. 3300 cbm trockener Mörtel mit der Förderbahn zu bewegen. Zieht man noch den Transport der Gerätschaften inbetracht, so ersieht man, welch aufserordentliche Leistung der Bahn bei den gewaltigen Höhenunterschieden für die Ausführung der Mauerarbeiten zugemutet wurde.

Der Mörtel wurde in trockenem Zustande zu den einzelnen

Baustellen gebracht. Bei der starken Neigung der Bahn von 57 pCt würde es schwer gehalten haben, flüssigen Mörtel gut zu transportiren, und bei Bereitung des Mörtels an den Baustellen würde es nicht leicht gewesen sein, ein gleichmäfsiges richtiges Mischungsverhältnis zu erzielen. Aufserdem wäre eine ganze Anzahl Mörtelmaschinen nötig gewesen. Man mischte deshalb auf dem Werkplatze den Mörtel im vorgesehenen Verhältnis: 1 Teil Portlandzement, 4 Teile Wasserkalk und 8 Teile Sand, im trockenen Zustande mittels einer von der Maschinenstation aus angetriebenen Mörtelmaschine und brachte das trockene Gemisch auf die Baustellen. Dort wurde es aus den bedeckten Kippwagen in eine geschlossene Bude gestürzt, von der aus für gewöhnlich mit Schiebern verschlossene Rutschen zu den etwas tiefer liegenden Mörtelpfannen führten. Sobald der Schieber geöffnet wurde, rutschte das trockene Gemisch ab, während gleichzeitig aus der Wasserleitung das erforderliche Wasser zugegeben wurde. Es genügte, den Mörtel zweimal mit der Krücke hin- und herzuziehen, um eine innige Vermengung herbeizuführen. Durch diese Arbeitweise hatte man stets frischen Mörtel in der zur Verarbeitung nötigen Menge, ohne sich mit der Zubereitung des trockenen Gemisches genau nach dem Fortgange der Mauerarbeiten richten zu müssen. Die Grab- und Mauerarbeiten wurden am 26. Februar 1894 begonnen und am 23. Juli 1895 vollendet.

Im übrigen kann hier auf die Ausführung des Mauerwerkes, die noch manchen interessanten Arbeitvorgang zu verzeichnen hätte, nicht näher eingegangen werden.

f) Aufstellung der Eisenkonstruktion.

(Vergl. hierzu Tafel XXV und Textblatt 7 bis 9.)

Die Textblätter 7 bis 9 sind nach Photographien der Brücke zu verschiedenen Zeitpunkten des Baues angefertigt. Textblatt 7 zeigt oben links das Kerngerüst für den Bogenpfeiler, rechts das Hochziehen eines Gerüstträgers von 28 m Länge, in den beiden unteren Figuren den Vorbau des Bogens. Textblatt 8 zeigt den weiteren Vorbau des Bogens bis zu seinem Schluss und unten rechts das Abtragen der Hülfsbrücke von dem fertigen Bogen aus. In Textblatt 9 schliefslich sind Einzelheiten wiedergegeben, und zwar oben links die Queransicht des Bogens während des Vorbaues, rechts das Einsetzen des Rückhaltbandes für den Bogen; unten links der Knotenpunkt 𝔄 (s. Fig. 15) des Bogens mit seinen Ankern, rechts die Befestigung der Rückverankerung an der Spitze *C* (s. Fig. 15) des Ankerpfeilers.

Fig. 15.

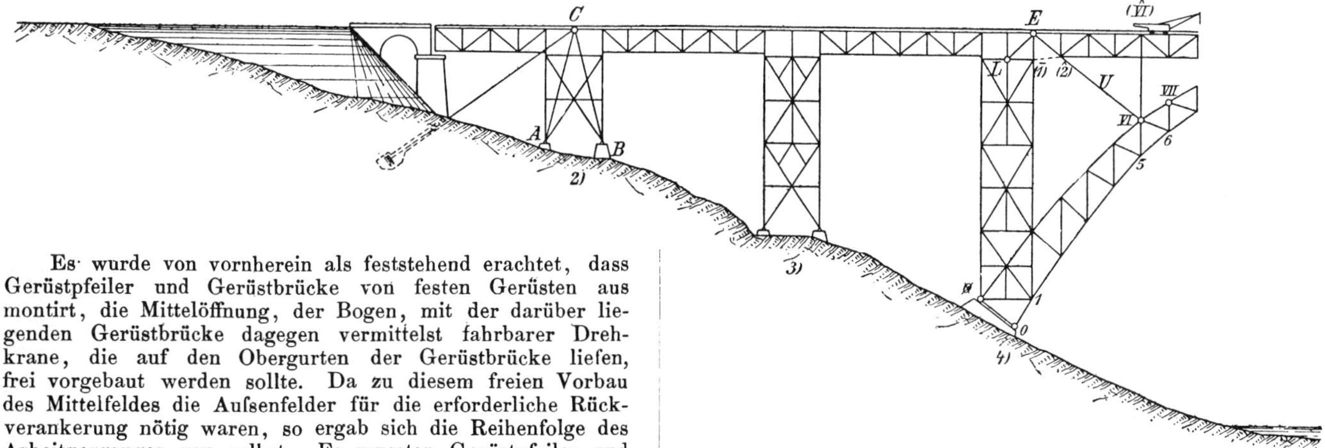

Es wurde von vornherein als feststehend erachtet, dass Gerüstpfeiler und Gerüstbrücke von festen Gerüsten aus montirt, die Mittelöffnung, der Bogen, mit der darüber liegenden Gerüstbrücke dagegen vermittelst fahrbarer Drehkrane, die auf den Obergurten der Gerüstbrücke liefen, frei vorgebaut werden sollte. Da zu diesem freien Vorbau des Mittelfeldes die Aufsenfelder für die erforderliche Rückverankerung nötig waren, so ergab sich die Reihenfolge des Arbeitvorganges von selbst. Es mussten Gerüstpfeiler und Gerüstbrücken, an den beiden Brückenenden beginnend, gegen die Mitte zu hergestellt werden und das Mittelfeld als letzte Arbeit verbleiben.

Die Gerüstpfeiler. Zum Aufstellen dieser Pfeiler dienten sogenannte Kerngerüste, Textbl. 7, und je ein drehbarer doppelseitiger Ausleger, der auf dem Kranz der oberen Gerüstschicht ruhte und zwei Drahtseilaufzüge hatte. Die elektrisch angetriebenen Windwerke hierzu waren im unteren Pfeilergeschoss gelagert.

Die Kerngerüste waren billiger und zweckmäfsiger als die Ummantelungsgerüste, hatten aber den Nachteil, dass sie wegen zu geringer Standsicherheit bei den hohen Pfeilern nicht gleich auf volle Höhe erbaut werden konnten. Sie wurden vielmehr stets nur auf 2 bis 3 Geschosse ausgeführt, dann nach Herstellung der Eisenkonstruktion bis dorthin gegen diese abgestützt und nun die Ausleger abgebrochen, die Kernpfeiler erhöht und die Ausleger oben wieder von neuem montirt. Durch einseitige Belastung der Ausleger wäre das schmale Kerngerüst zu sehr beansprucht worden; es musste deshalb entweder der doppelseitige Ausleger stets gleichzeitig auf beiden Seiten zum Aufziehen benutzt werden, oder es war die Gegenseite durch eine Ankerung zu belasten.

Die Windwerke und Ausleger haben verschiedene Wandlungen durchgemacht. Schliefslich wurde die folgende Konstruktion am zweckmäfsigsten gefunden. Ein 10pferdiger Elektromotor trieb mittels Riemens eine Vorgelegewelle. Von dort aus gingen nach den beiden Aufzugwinden je ein offener und ein gekreuzter Riemen für das Aufziehen und für das Ablassen, sofern letzteres nicht mit einer der beiden Bremsen — es waren zwei Bremsen, eine für langsames und eine für rasches Ablassen, vorhanden — bewerkstelligt werden konnte. Der Ausleger bestand aus einem in Dreieckform konstruirten Fachwerkträger, auf dessen doppeltem Obergurt sich an jedem Ende eine Laufkatze mit den beiden Seilrollen für den Drahtseilaufzug bewegte. Beim Aufziehen konnten in der Regel die beiden gleichartigen Stücke der Gegenseiten gleichzeitig hochgezogen werden. Die Ausleger ruhten einfach auf dem Kranz des oberen Gerüstgeschosses und mussten von Hand gedreht werden. Auch die Katzen wurden mittels Handwindwerke verschoben. Die Montage ging mit dieser Einrichtung gut von statten, doch machte sich der Uebelstand bemerkbar, dass bei der erheblich geringeren Breiten und Längenabmessung des Kerngerüstes, die sich der Ausführbarkeit wegen ergeben hatten, die Knotenpunkte der Ecksäulen der Gerüstpfeiler schwer zugänglich waren. Es mussten deshalb zum Nieten eigene Hängegerüste angeordnet werden.

Die Gerüstbrücken. Für die Aufsenfelder 1 und 7, in denen die Höhe mäfsig ist, wurden gewöhnliche Einrüstung mit hölzernen Querwänden und Längssprengwerken und kleinere Träger angewendet. In den übrigen Feldern wurden an die Gerüstpfeiler Konsolen angebaut und auf diese vorläufige Gerüstbrücken, wie sie die Maschinenbau-A.-G. Nürnberg in grofser Zahl besitzt, gelagert. Diese Gerüstbrücken wurden unten auf dem Boden zusammengebaut und hochgezogen, s. Textbl. 7. Auf den geschaffenen Plattformen der Gerüstbrücken bewegten sich in der Längsrichtung eiserne Montirwagen zum Versetzen der einzelnen Konstruktionsstücke.

Der Bogen. Bei der grofsen Höhe des Mittelfeldes war eine Montirung auf festen Gerüsten von vornherein als ausgeschlossen zu erachten; es konnte sich nur darum handeln, die Freimontage einerseits durch entsprechende Durchbildung der Konstruktion und anderseits durch Beschaffung bester Hülfsmittel soweit als erreichbar einfach und günstig zu gestalten. Die Konstruktion des eisernen Ueberbaues ist thatsächlich unter diesem Gesichtspunkt zum grofsen Teil entworfen und in den Einzelheiten bearbeitet worden. Es war darnach auch als gegeben zu erachten, dass die Gerüstpfeiler an den beiden Thalwänden einschliefslich jener über den Bogenwiderlagern, und die Gerüstbrücken vor Beginn der Bogenmontage fertig sein mussten. Die Gerüstpfeiler über den Bogenwiderlagern stehen auf den Bogenanfängen und werden durch die unteren Bogengurte 0 1 zumteil unterschnitten, Fig. 15. Diese Teile des Bogens mussten also zunächst auf festen Gerüsten zusammengesetzt werden, wobei bemerkt sei, dass die Bogenstücke 0 1 je rd. 25 t wiegen. Die Verankerung des Bogenanfanges bei ✕ giebt dem Bogenpfeiler genügende Standfestigkeit trotz der erwähnten starken Unterschneidung durch die Bogenuntergurte. Sobald nun die Gerüstbrücken an den Thalwänden samt den Bogenpfeilern standen, gestaltete sich die Freimontage im allgemeinen wie folgt: Bei den Bogenpfeilern wurden die Stäbe LE $(\overline{1})$ (vergl. Fig. 15) mit den kontinuirlichen oberen Gurten CE der Gerüstbrücken und diese mit den Ankerpfeilern 2 und 7 fest verbunden. Aufserdem wurden von den Spitzen C der Ankerpfeiler 2 und 7 je zwei Stahldrahtseile mittels Schächte in die Thalwände geführt und dort fest verankert, s. Fig. 16. Zwischen Drahtseilen und Ankerpfeilerspitzen C waren starke Regulirvorrichtungen mit hydraulischen Winden eingeschaltet. An den Bogenpfeilern 4 und 5 wurden nun zunächst mittels der auf dem Obergurt der Gerüstbrücken laufenden elektrisch angetriebenen Drehkrane von 10 m Ausladung und 10 t Tragkraft die anstofsenden Gerüstbrückenfelder unter Benutzung der Hülfsstäbe $(\overline{1})$ $(\hat{2})$ (Fig. 15) Stück um Stück, teilweise in ganzen Fachen, mit Verwendung von fliegenden Hülfsgerüsten vorgebaut und die Krane auf den Gurten dieser frei vorschwebenden Brücken vorgefahren. Sobald die Krane über die Bogenöffnung etwas eingefahren waren, konnte angefangen werden, unten an dem Bogen Stück um Stück anzubauen, wobei für den Stand der Arbeiter leicht verschiebliche eiserne Gerüste an dem Bogenuntergurt befestigt waren. So konnte Zug um

Fig. 16.

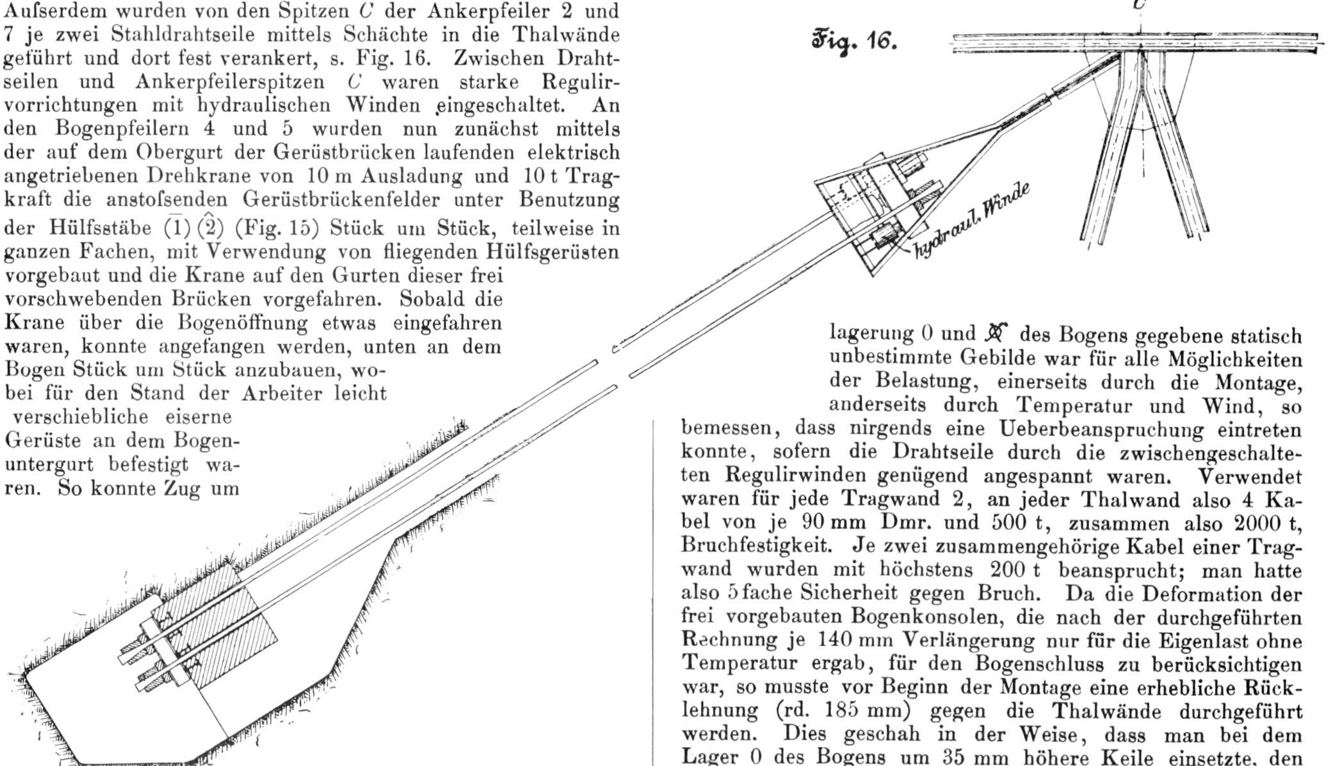

Zug oben die Gerüstbrücke, unten der Bogen verlängert werden. Als man die ersten über die Pfeiler vorspringenden 30 Meter, also die Stelle des ersten Pendelpfeilers über dem Bogen, erreicht hatte, wurde ein Hülfsband vom Bogenstützpunkt VI des Pendeljoches zum Punkt E des Gerüstbrückenobergurtes geführt und beiderseits befestigt, Fig. 15 und Textbl. 9. In der Mitte war das Band an einer Stofsstelle lose zusammengehängt. Mittels einer einfachen Schraubenregulirung wurde es angespannt, der Bogen um das Mafs seiner elastischen Einsenkung bei dem freien Vorbau zurückgeholt und das Zugband an der Stofsstelle fest verbolzt. Von da ab wurde das Bogengebilde durch die Rückverankerung an dem Punkt VI, also 30 m in die freie Oeffnung vorgreifend, gehalten. Nun wurde auf den Punkt VI das Pendeljoch aufgesetzt, das Gerüstbrückenfeld um seine elastische Durchbiegung gehoben und mit dem Joche verbunden. Die Gerüstbrückenfelder von 30 m Weite mussten behufs freien Vorbaues durch den vorläufig eingeschalteten Stab $(\overline{1})$ $(\hat{2})$ eine feste Verbindung mit den Gerüstpfeilersäulen erhalten. Nach Aufstellung des Pendeljoches war der Hülfsstab $(\overline{1})$ $(\hat{2})$ zu entfernen. Das Gerüstbrückenfeld hatte also beiderseits bei E und $(\hat{\text{VI}})$ freies Auflager. Der Obergurt blieb dagegen bei E noch kontinuirlich mit den Obergurten der übrigen Gerüstbrücken verbunden. Nachdem dieser erste Abschnitt der Bogenmontage erreicht war, wurde zunächst durch eine feste Verbindung mit dem 30 m-Felde die anstofsende 15 m lange Gerüstbrücke und dann auch das darunter befindliche Bogenstück montirt. Darauf kam in gleicher Weise das nächste Feld an die Reihe usw.; vergl. Textblatt 8.

Im einzelnen ist zu dieser Montageweise noch Folgendes zu erwähnen:

Der Bogen ruhte fest auf den beiden Lagern 0 und ✕, die Ankerpfeiler 2 und 7 dagegen nur auf den thalseitigen Lagerpunkten B, während die bergseitigen A sich abheben konnten. Durch das Gerüstbrückenfeld 1 bezw. 7 war die bergseitige Querwand des Pfeilers so belastet, dass das bergseitige Lager A sich erst abhob, als der Bogen und die darüber liegende Gerüstbrücke bis Punkt VII vorgebaut waren. Die Ankerdrahtseile waren bis dahin nur leicht angezogen; eine thatsächliche Belastung erhielten sie erst von diesem Zeitpunkt ab. Das mit der Drahtseilverankerung in der Doppellagerung 0 und ✕ des Bogens gegebene statisch unbestimmte Gebilde war für alle Möglichkeiten der Belastung, einerseits durch die Montage, anderseits durch Temperatur und Wind, so bemessen, dass nirgends eine Ueberbeanspruchung eintreten konnte, sofern die Drahtseile durch die zwischengeschalteten Regulirwinden genügend angespannt waren. Verwendet waren für jede Tragwand 2, an jeder Thalwand also 4 Kabel von je 90 mm Dmr. und 500 t, zusammen also 2000 t, Bruchfestigkeit. Je zwei zusammengehörige Kabel einer Tragwand wurden mit höchstens 200 t beansprucht; man hatte also 5 fache Sicherheit gegen Bruch. Da die Deformation der frei vorgebauten Bogenkonsolen, die nach der durchgeführten Rechnung je 140 mm Verlängerung nur für die Eigenlast ohne Temperatur ergab, für den Bogenschluss zu berücksichtigen war, so musste vor Beginn der Montage eine erhebliche Rücklehnung (rd. 185 mm) gegen die Thalwände durchgeführt werden. Dies geschah in der Weise, dass man bei dem Lager 0 des Bogens um 35 mm höhere Keile einsetzte, den thalseitigen Lagerpunkt B der Ankerpfeiler um rd. 50 mm hob und eine Zwischenlagerplatte von dieser Dicke einsetzte. Der bergseitige Lagerpunkt A konnte sich also um rd. 50 mm senken. Die beiden Lagerpunkte A und B der Ankerpfeiler waren selbstverständlich für die Zeit der Bogenmontage vorübergehend durch einen Riegel unter sich verspannt.

Der Bogenschluss erfolgte in der Weise, dass nach Einsetzen der Schlussfache zunächst die Abstände zwischen den Berührungsflächen 11 und $\overline{11}$ (s. Fig. 17) in beiden Tragwänden genau gemessen wurden. Es ergab sich hierbei an der einen Wand ein um 27 mm gröfserer Spielraum, der normal beiderseits 30 mm sein sollte. Um diesen Unterschied auszugleichen, wurde das eine Berührungsstück $30 + 27 = 57$ mm anstatt 30 mm stark gemacht und eingesetzt. Hierauf wurde mittels Hülfskonstruktionen bei XII und 11 je eine hydraulische Winde von 300 t Tragkraft eingesetzt und angespannt, anderseits aber, ebenfalls mittels hydraulischer Winden, die Lagerpunkte 0 voll entlastet, Fig. 17. Durch Nachlassen der Winden bei XII und 11 und der Regulirwinden an den Ankerpfeilerspitzen C, Fig. 16, zwischen den Drahtseilanschlüssen konnte nun, nachdem die Winde bei 11 $\overline{11}$ entfernt war, der Bogen als Dreigelenkbogen ✕ 11 ✕ unter Einfügung der vorerwähnten Berührungs-

stücke zum Schluss gebracht werden. Sobald dies erfolgt war, wurde bei 11 eine vorläufige Verlaschung angebracht und das Zugband *U* (Fig. 15) mit Zubehör entfernt. Der Bogen wirkte nun thatsächlich als Dreigelenkbogen, der lediglich durch sein Eigengewicht belastet war. Um den dreifach statisch unbestimmten Bogen mit Flächenlagerung herzustellen, war es nur nötig, drei Stäben die ihnen rechnungsmäſsig für die gegebenen Belastungen und Temperatur zukommenden Stabkräfte unter gleichzeitiger Wiederherstellung der Lagerung bei 0 zu geben. Hierzu wählte man die drei Stäbe 0 1, XI XII $\overline{XI}$ und XII 11. Wie leicht ersichtlich, beeinflusst jede Stabkraft 0 1 die Kräfte des Stabes XI XII $\overline{XI}$ und damit auch XII 11, und zwar im einfachen Verhältnis; dabei muss die richtige Stabkraft 0 1 in den übrigen Stäben ebenfalls die richtigen Kräfte geben. Man kann sich deshalb

Fig. 17.

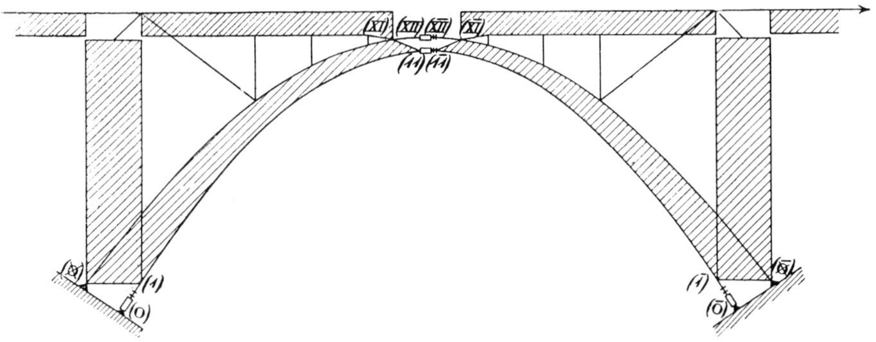

eine Stabkraft 0 1 denken, die in den Stäben XI XII $\overline{XI}$ und XII 11 die Kräfte Null bedingt. In diesem Zustande kann man die letzterwähnten Stäbe frei einbauen, verbohren und vernieten, kurz, den Bogenscheitel fertigstellen. Zur Herstellung des Bogens mit Flächenlagerung und richtigen Stabkräften genügt es dann, den Stäben 0 1 die ihnen zukommenden Kräfte zu geben. Die Durchführung der bezüglichen Rechnung erwies nun, dass zufällig bei der gegebenen Belastung und Temperatur die Stäbe XI XII $\overline{XI}$ und XII 11 mit sehr geringem Fehler frei in den Dreigelenkbogen ⊗ 11 ⊗ einmontirt und genietet, der Bogen also in einen Zweigelenkbogen verwandelt werden konnte, und dass die nachträgliche Anspannung des Stabes 0 1 auf die ihm zukommende Kraft in den obenerwähnten Stäben und damit auch in allen Bogenstäben die richtigen Kräfte ergab. Dadurch vereinfachte sich die Arbeit nicht unerheblich. Man konnte den Dreigelenkbogen durch vollständige Herstellung des Bogenscheitels in den Zweigelenkbogen und diesen dann durch Anspannnng des Stabes 0 1 und Ankeilen der Lager 0 in den gelenklosen Bogen verwandeln. Die Stabkräfte 0 1 wurden durch die zum Anspannen benutzten hydraulischen Winden gemessen, die nach Versuchen auf rd. 2 bis 3 pCt genaue Resultate ergaben. Auſserdem hatte Hr. Regierungsbaumeister Rohlfs von der kgl. Eisenbahndirektion sowohl an den Stäben 0 1 als auch an XI XII $\overline{XI}$ und anderen Balckesche Spannungsmesser in gröſserer Zahl angebracht und damit die Stabkräfte kontrollirt.

Die Hauptarbeiten der Bogenmontage fielen in die Wintermonate. Das Bauwerk war mit den in belastetem Zustande je rd. 42 t wiegenden Drehkranen an den Spitzen der Vorkragungen den stärksten Windangriffen ausgesetzt. Während der Bogenschlussarbeiten in der dritten Märzwoche d. J. tobten fast Tag für Tag Stürme, begleitet von starken Gewittern. Ingenieure und Werkleute harrten dabei an den gefährdetsten Punkten bei der Arbeit aus, und wohl keinem der Beteiligten ist auch nur der leiseste Zweifel an der genügenden Sicherheit des Bauwerkes gekommen. Die Konstrukteure und ausführenden Ingenieure waren sich vollständig über das auftretende Kräftespiel klar, und die Werkleute hatten ein unbedingtes Vertrauen zum Werk und seinen Leitern. Kein anderer Stand, dessen Thätigkeit ebenfalls auf wissenschaftlichen Grundlagen beruht, kann sich für seine Werke, seine geistigen Schöpfungen eines gleichen Vertrauens rühmen, wie es der des Technikers bei den Arbeitern genieſst. Die jüngste der Hochschulfakultäten, die Ingenieurwissenschaft, wird sich durch Verbreitung des Verständnisses für die Sicherheit und Genauigkeit ihrer Werke in weiten Volksschichten die ihr zukommende, vielfach noch versagte Anerkennung verschaffen.

Den Mühen der Ingenieure und Werkleute, die mit Schluss des Bogens am 21. März d. J. zumteil ihren Abschluss fanden, war vonseiten der Bauverwaltung eine Anerkennung zugedacht. Mit Bewilligung des Hrn. Ministers gab nämlich die kgl. Eisenbahndirektion allen am Bau Beteiligten am 22. März, an welchem Tage an und für sich jedem Deutschen das Herz höher schlagen musste, ein Richtfest, das Fest der Schlussnietung am Bogen. Gegen 160 Personen bewegten sich, begleitet von Musik, vormittags 11 Uhr unter Führung des Hrn. Geh. Baurats Brewitt als Vertreters der Eisenbahndirektion vom Solinger Widerlager über die festlich geschmückte Brücke zum Bogenscheitel. In mehr als 100 m Höhe über der Thalsohle wurden dort von dem Nietmeister, dem Altgesellen, nachdem er mit seinen Gehülfen das Schlussniet geschlagen hatte, dem Altmeister, Hrn. Geh. Baurat Brewitt, Blumenstrauſs und Hammer mit einem hübschen Spruch überreicht.

»Erst wägen, dann wagen, dann arbeiten«, so leitete Hr. Brewitt seine schwungvolle, allen zum Herzen dringende Weiherede ein. Er sprach allen Anerkennung aus, die an dem Baue thätig gewesen waren, und betonte, dass ein schönerer Tag für die Feier nicht hätte gewählt werden können als der nationale Festtag, an dem vor 100 Jahren dem deutschen Volke ein Held in Krieg und Frieden, ein Held in Arbeit, Kaiser Wilhelm I., geschenkt wurde. Er wies darauf hin, dass unter der ruhmreichen Regierung Kaiser Wilhelms I. die schönste deutsche Brücke, jene Mainbrücke erbaut worden sei, auf der sich die deutschen Bruderstämme aus Nord und Süd die Hände reichen. Kaiser Wilhelm I. habe nach Besiegelung dieses Bundes bei Mars la Tour, Gravelotte und Sedan im stolzen Königsschloss zu Versailles das Deutsche Reich errichtet, den Grundstein zum neuen Gebäude gelegt und es noch unter Dach gebracht. Sein Enkel, der jetzt regierende Kaiser, habe sich zur Lebensaufgabe den inneren Ausbau des Hauses gemacht; ihm gelte sein Hoch. Die diesem Hoch folgenden Hammerschläge begleitete Hr. Brewitt mit den Worten:

»Dem Gemeinwohl zur Förderung,
Dem Verkehr zur Erleichterung,
Der Technik zur Anerkennung«.

Nachdem von den anwesenden Ingenieuren und Meistern die Hammerschläge geführt und durch den Gesang des Chorals »Nun danket alle Gott« der Festakt beendigt war, ging der Zug der Festteilnehmer weiter über die Brücke zu der auf der Höhe des Remscheider Ufers liegenden Wirtschaft »Schloss Küppelstein«. Dort wurde das Fest in einfach fröhlicher Weise mit einem Mahl und Trunk fortgesetzt. Ingenieure, Meister und Arbeiter beteiligten sich in gleichem Wetteifer wie bei der Arbeit an der Verschönerung dieser Stunden.

Die weiteren Arbeiten an der Brücke konnten nun mit aller Beschleunigung betrieben werden. Die Brücke ist heute bereits in der Hauptsache fertig, die Gerüste sind gröſstenteils abgebrochen, und der Verkehr auf der neuen Bahn soll innerhalb Monatsfrist eröffnet werden.

Das Gewicht der eisernen Ueberbauten einschlieſslich der Anker und Ankerroste beträgt rd. 5100 t. Die Montagearbeiten an den Gerüstpfeilern wurden im Frühjahr 1895, der Bogenvorbau im Juli 1896 begonnen.

Die Kosten des Bauwerkes stehen noch nicht fest, da erst die sehr umfangreichen Gewicht- und Massenberechnungen zu prüfen sind.

Ueber die Beteiligung bei den Ausführungsarbeiten des Entwurfes der Maschinenbau-A.-G. Nürnberg berichtet Hr.

Regierungsbaumeister Rohlfs im Centralblatt der Bauverwaltung No. 13a vom März d. J. völlig zutreffend; ich gebe deshalb die bezügliche Stelle nachstehend wörtlich wieder:

»Die Einzelheiten wurden im Einvernehmen mit der kgl. Eisenbahndirektion von der Maschinenbau-A.-G. Nürnberg entworfen, wobei alle wichtigen Entscheidungen im Ministerium der öffentlichen Arbeiten getroffen wurden. Bei der kgl. Eisenbahndirektion Elberfeld waren zunächst Geh. Baurat Illing und Regierungs- und Baurat Delmes und, nachdem diese am 1. April 1895 in den Ruhestand getreten waren, Geh. Baurat Brewitt mit der Oberleitung betraut. Die Prüfung der Berechnungen und Entwürfe, aber auch ein grofser Teil der grundlegenden Berechnungen selbst wurde vom Regierungsbaumeister Carstanjen ausgeführt. An Stelle desselben, der am 1. April 1895 zu der ausführenden Firma überging und auch dort noch regen Anteil an dem Verlauf der Arbeiten nahm, trat der Regierungsbaumeister Rohlfs, der gleichzeitig die Arbeiten in der Brückenbauanstalt beaufsichtigte. Die Leitung für die Herstellung des Mauerwerks führte der Regierungsbaumeister Ilkenhans. Die Leitung der Eisenaufstellung war zunächst dem Ingenieur Habicht übertragen und wurde dann, als die Zulagen in der Werkstatt im wesentlichen beendet waren, am 1. Juli v. J. ebenfalls dem Regierungsbaumeister Rohlfs zugeteilt.

Innerhalb der ausführenden Firma wurden unter Leitung des Direktors Rieppel die Berechnungen zum gröfsten Teil von Professor Dietz und Ingenieur Bohny ausgeführt, während namentlich Ingenieur Herrmann für die Ausarbeitung der Einzelheiten des Eisenwerkes thätig war. Die Betriebsleitung in der Brückenbauanstalt führte der Ingenieur Bilfinger. Die Bauausführung lag in den Händen des Ingenieurs Möbus, dem der Ingenieur Bohny zur Seite gestellt war.«

Das Werk in den Einzelheiten seiner Ausführung ist das Ergebnis eines einmütigen, thatkräftigen Zusammenwirkens der kgl. Eisenbahndirektion und der ausführenden Firma. Es ist mir eine grofse Genugthuung, hervorheben zu können, dass während der 5 Jahre, die für die Planung und Ausführung des Baues erforderlich waren, zwischen dem Bauherrn und dem Unternehmer nicht der geringste Zwiespalt zu verzeichnen war. Die Vollendung des kühnen Bauwerkes dürfte als ein Markstein in der Entwicklung der Brückenbautechnik zu bezeichnen sein. Die deutsche Technik ist gewohnt, ihre Werke nur auf völlig sicherer wissenschaftlicher Begründung aufzubauen. Sie hat sich deshalb nicht sprungweise, sondern in gleichmäfsiger Sicherheit und Stetigkeit voranschreitend entwickelt. Damit wird aber gewährleistet, dass unsere deutsche Technik stets den höchsten Anforderungen mit weitestgehender Zuverlässigkeit gerecht zu werden vermag. Auch bei der Müngstener Brücke wurde mit der sprichwörtlichen deutschen Gründlichkeit vorgegangen. Die Konstrukteure und ausführenden Ingenieure setzten ihren Stolz darein, jedem möglichen Kräftespiel nachzuspüren und ihm in der zuverlässigsten Weise Rechnung zu tragen. Es würde für alle beim Bau beteiligten Ingenieure sicher die schönste Genugthuung sein, wenn von ihren Fachgenossen das angestrebte Ziel als erreicht erachtet werden könnte [1]).

[1]) Ein in der nächsten Nummer erscheinender Nachtrag wird einige Mitteilungen über Vollendung und Einweihung der Brücke sowie über die Belastungsprobe bringen und von einem Gesamtbild der fertigen Brücke begleitet sein.

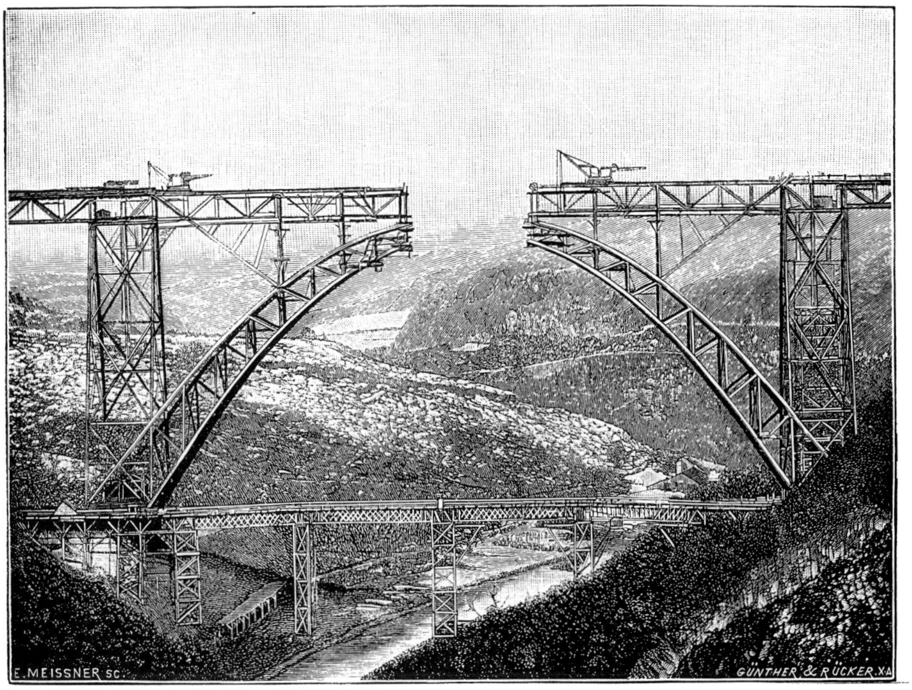

Nachtrag.

Um die eisernen Ueberbauten jederzeit in den einzelnen Teilen untersuchen und den Anstrich ohne zu grofse Schwierigkeiten erneuern zu können, hat die kgl. Eisenbahndirektion die Herstellung von 4 Besichtigungswagen: eines für den Bogen, zweier für die äufsere und eines für die innere Besichtigung der Gerüstbrücken, sowie die Anbringung einer Anzahl Steigleitern und Treppen an den Ecksäulen der Pfeiler und längs der südlichen Bogenuntergurte angeordnet.

Der Besichtigungswagen für den Bogen und jener für das Aeufsere der Gerüstbrücken haben ihre Fahrbahn in Höhe der Plattform, und zwar sind an den Konsolen der Querträger beiderseits je 2 mit den Flanschen gegen einander gekehrte ⊐-Eisen befestigt, auf deren Unterflanschen die Wagenräder laufen.

Die Bühne des Wagens für Besichtigung der äufseren Teile der Gerüstbrücken, Fig. 18, befindet sich dicht unter dem Gerüstträgeruntergurt. Sie ist in der Mitte geteilt und mit den seitlichen Wagenständern durch Gelenke und Zahnstangengetriebe in der Weise verbunden, dass die Bühnenhälften nach abwärts bis zur senkrechten Lage umgeklappt werden können, um die Vorüberfahrt an den Pfeilern zu ermöglichen. Sobald der Wagen den Pfeiler passirt hat, werden die Bühnenhälften mittels der Zahnstangengetriebe wieder aufgeklappt und in der Mitte verlascht. Diese Anordnung ermöglicht, jeden der beiden Wagen je von dem einen Endwiderlager bis über die Mitte des Bogens zu fahren.

Die Bühne des Besichtigungswagens für den Bogen, Fig. 19, ist an den Wagengestellen, die sich auf der vorerwähnten Fahrbahn aus ⊐-Eisen bewegen, mit Ketten aufgehängt. Die unteren Aufhängepunkte der Ketten an der 26 m langen Bühne sind durch Aufzuggetriebe gegeben, die je nach der Entfernung der Bogengurte, also je nach dem Höhenstande der Brücke, gegen einander verschoben werden können.

Die beiden vorgenannten Wagen werden mittels Kettengetriebe verfahren, die von den Bühnen aus durch Handketten angetrieben werden.

Der Besichtigungswagen im Innern der Gerüstbrücken, Fig. 18, bewegt sich auf Längsträgern, die zwischen den beiden Trägeruntergurten auf Querträgern befestigt sind. Der Wagen enthält eine Drehscheibe mit einer Auszugleiter, um die oberen Trägerknotenpunkte und Teile der Fahrbahn an jeder Stelle leicht zu erreichen. Durch Getriebe wird die Drehscheibe gedreht, die Leiter ausgezogen und ebenso der Wagen, und zwar über die ganze Brückenlänge, verfahren.

Fig. 18.

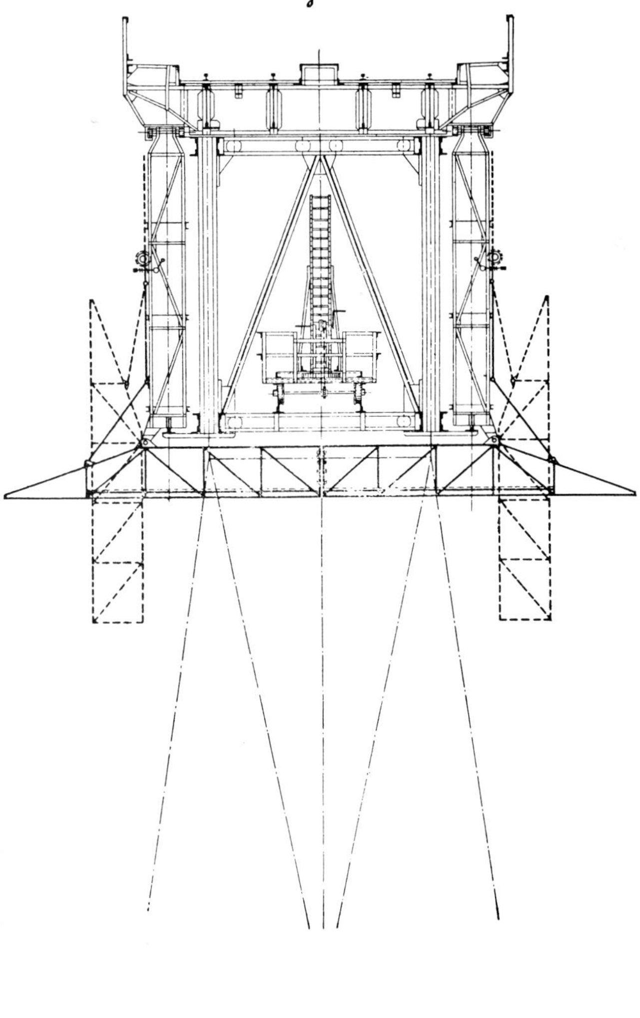

Fig. 19.

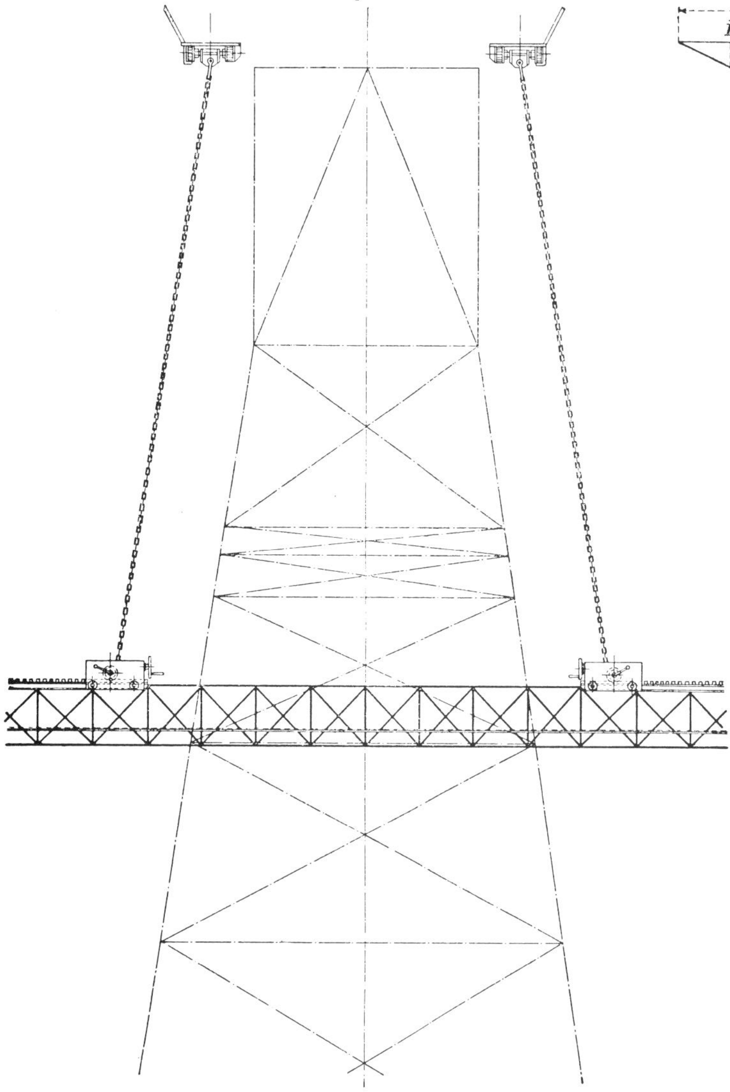

Fig. 20.

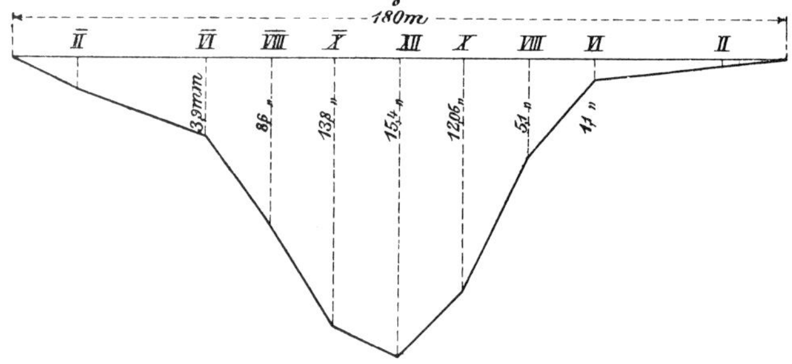

In den ersten Tagen des Monats Juli war die Brücke mit den Gleisanschlüssen zum Betriebe fertig. Am 3. Juli mittags 12 Uhr ging der erste Zug mit bekränzter Lokomotive unter begeisterten Zurufen der versammelten Bauleute über das Bauwerk. Unmittelbar im Anschluss daran fand während 4 Tage eine eingehende Probebelastung unter Zuhülfenahme von Dehnungs- und Einbiegungsmessern und anderen einschlägigen Instrumenten statt. Die verwendeten 2 Probezüge bestanden je aus 3 schwersten Güterzuglokomotiven und 40 beladenen Wagen. Die 3 Lokomotiven folgten unmittelbar auf einander und hatten die ungünstigsten Stellungen; die Wagen waren teils vor, teils hinter den Lokomotiven angehängt. Aus den Ergebnissen der Probebelastung sei nur erwähnt, dass irgend eine Bewegung der Bogenwiderlager nicht festzustellen war, und dass der Bogen bei Belastung beider Gleise mit den erwähnten 2 Zügen die in Fig. 20 angegebenen Einbiegungen zeigte.

Die feierliche Eröffnung und Verkehrsübergabe der Bahnlinie Solingen-Remscheid und damit der Brücke erfolgte am 15. Juli d. J. durch Seine Kgl. Hoheit den Prinzen Friedrich Leopold von Preufsen als Vertreter Seiner Majestät des Kaisers. Das Bauwerk wurde hierbei »Kaiser Wilhelm-Brücke« getauft. Dieser Name leuchtet beiderseits im Bogenscheitel der Brücke von rd. 20 m langen Kupferblechschildern, bekrönt von rd. 4 m hohen Kaiserkronen, in Riesenbuchstaben in das schöne Thal, zur Erinnerung an den Gründer des Deutschen Reiches.

Textblatt 10 zeigt die Brücke nach ihrer Vollendung.

MEISENBACH RIFFARTH

RAHMENINFORMATION

Die Brückenbau-Anstalt Gustavsburg der Vereinigten Maschinenfabrik Augsburg und Maschinenbaugesellschaft Nürnberg (M.A.N.) um 1900

Die Brückenbau-Anstalt Gustavsburg der M.A.N. nebst Kesselschmiede und Wagenbauanstalt umfaßte um 1900 eine Grundfläche von etwa 200 000 qm und beschäftigte etwa 2000 Arbeiter. Das Werk besaß 7 Dampfkessel, insgesamt mit 830 qm Heizfläche; 4 Dampfmaschinen mit einer Gesamtleistung von 800 Pferdestärken; 1 Dampf- und 1 Fallhammer und etwa 400 Arbeitsmaschinen.

Das Haupt-Konstruktionsbureau für Brückenbau befand sich in Nürnberg, in Gustavsburg wurden nur die Werkzeichnungen ausgearbeitet. Die Firma war in der Lage, Brücken-Unterbau, einschließlich etwaiger Luftdruck-Gründung der Pfeiler in General-Unternehmung herzustellen. Seit 1886 baute sie nach den bewährten Konstruktionen ihres Direktors auch Brücken mit ganz aus verzinktem Eisen hergestellten Pfeilern und Widerlagern. Unter den zahlreichen Brücken dieser Art sei die 250 m lange über die Temes führende Eisenbahnbrücke in Ungarn hervorgehoben, bei deren Bau nicht ein einziger Stein verwendet worden war; die Eisenpfähle wurden hierbei bis zu 12 m Tiefe eingerammt. Bis 1900 baute die Gustavsburger Anstalt etwa 1500 Eisenbrücken.

Werk Gustavsburg der »Ver. Maschinenfabrik Augsburg und Maschinenbau-Gesellschaft Nürnberg«

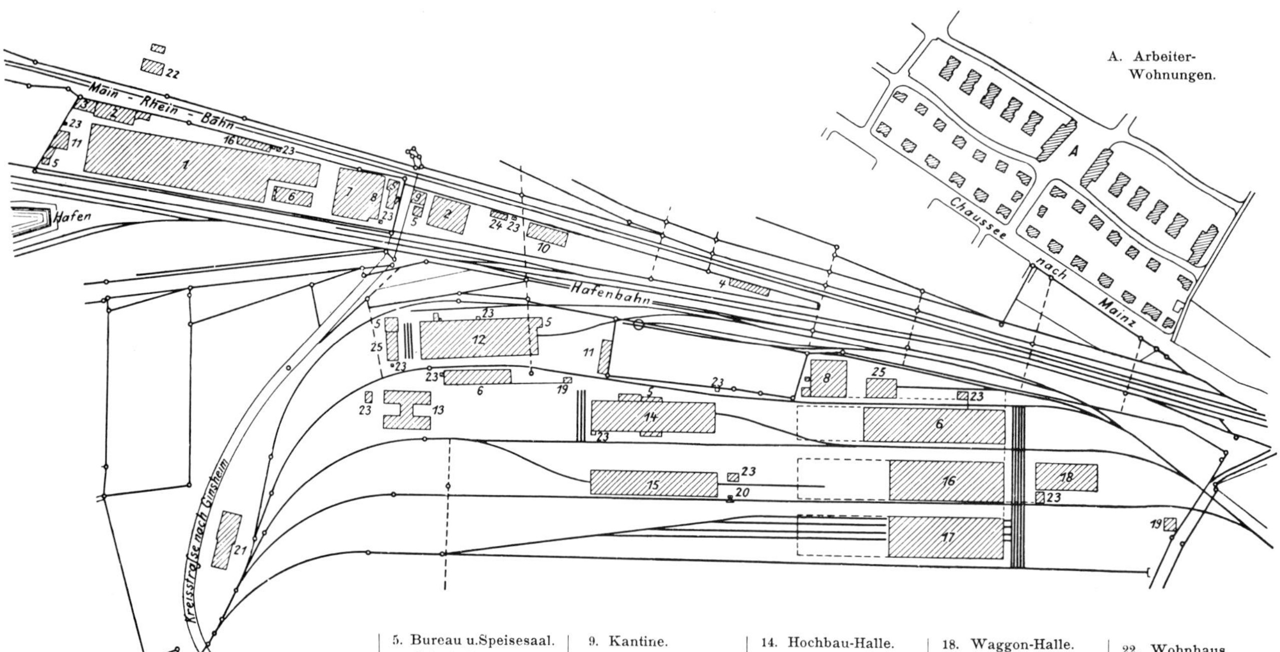

1. Aufstellungs-Halle.
2. Richt-Halle.
3. Bohr-Halle.
4. Holz-Magazin.
5. Bureau u. Speisesaal.
6. Schmiede.
7. Reparatur-Werkstatt.
8. Maschinenhaus.
9. Kantine.
10. Fräserei.
11. Magazin.
12. Kesselschmiede.
13. Speisehaus.
14. Hochbau-Halle.
15. Halle.
16. Schlosserei.
17. Aufschlag-Werkstätte.
18. Waggon-Halle.
19. Pförtner.
20. Waage.
21. Verwaltungs-Gebäude.
22. Wohnhaus.
23. Abort.
24. Schulhaus.
25. Schweissraum.

In den Werken Gustavsburg und Nürnberg wurden an Brücken und Eisenkonstruktionen hergestellt:

in den Jahren:	1894/95	95/96	96/97	97/98	98/99
Tonnen:	10 232	11 429	13 607	13 020	17 015

Für diese beiden Werke ist seit 1. Januar 1900 eine Arbeiter-Pensions-, Witwen- und Waisenkasse in Wirksamkeit, deren Mitglieder ohne Beitragspflicht im Falle dauernder Erwerbsunfähigkeit schon nach 5jähriger Dienstleistung pensionsberechtigt werden. Desgleichen haben diese Werke einen Pensionsverein, der den Beamten sowie deren Witwen und Waisen Pensionen gewährt. An sonstigen Wohlfahrts-Einrichtungen bestanden damals: für Unterrichtszwecke neben einer Stiftung, die besonders befähigten Arbeitern den Besuch einer Werkmeisterschule ermöglichte, für das Werk Nürnberg eine Fabrikschule mit erweitertem Volksschul-Lehrprogramm und eine Lehrlings-Fortbildungsschule; für Unterkunft von Arbeiterfamilien in Nürnberg 90, in Gustavsburg 123 Wohnungen. Bei der neuen Fabrikanlage Gibitzenhof des Werkes Nürnberg wurde eine Arbeiterkolonie errichtet, hier wurden mit anderen gemeinnützigen Anstalten an 100 Wohnhäuser mit durchaus mustergültigen Einrichtungen erstellt, in denen etwa 410 Familien Unterkunft fanden.

Die Vereinigten Werke Nürnberg und Gustavsburg unterscheiden drei Gattungen von Brückenkonstruktionen. Zur ersten Gattung rechnen die weit gespannten Brücken, namentlich die großen Bogenbrücken, zweitens folgen ähnliche Brücken aber mit mehre-

Werk Nürnberg bei Gibitzenhof der »Ver. Maschinenfabrik Augsburg und Maschinenbau-Gesellschaft Nürnberg«.

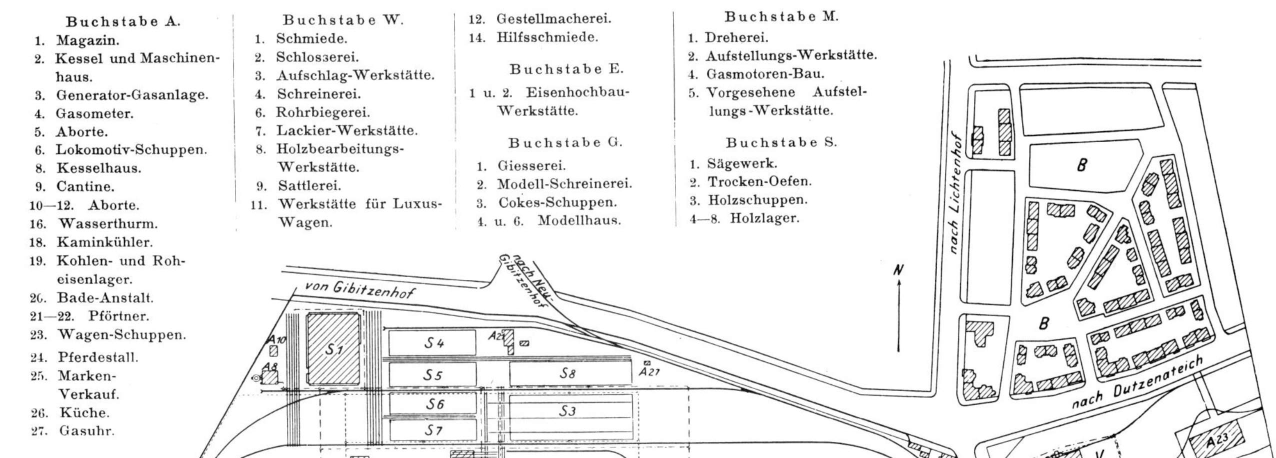

ren gleichen Öffnungen und drittens einfachere Konstruktionen des Hochbaues und andere Eisenbauten mit mehr räumlicher Ausbildung der Tragwände. Diese drei Arten von Konstruktionen werden im Gustavsburger Werk verschieden behandelt. Während bei den Konstruktionen dritter Gattung in bekannter Art nach Schablonen gearbeitet wird, setzt man für die zweite Gattung eine der Öffnungen als Schablonen-Öffnung vollständig zusammen und benutzt, nach erfolgtem Auseinandernehmen, die Einzelstücke als Schablonen für die übrigen Öffnungen. Dabei geschieht das Bohren der einzelnen Stäbe und Bleche auf seitlich an Säulen angebrachten Bohrmaschinen und die Löcher der Stoßverbindungen werden (in bekannter Weise) mit einem etwas geringerem Durchmesser gebohrt, als in den Zeichnungen angegeben. Sie müssen daher später auf der Zulage aufgerieben werden.

Auf die Herstellung der Konstruktionen erster Gattung verwendet die Firma besondere Sorgfalt. Die Tragwände werden in ganzer Ausdehnung nach aufgerissenem geometrischem Netze zugelegt, die Bohrlöcher angezeichnet und unmittelbar durch die Konstruktion, also durch Stehblech und Gurtwinkel usw. gleichzeitig gebohrt. Die dazu notwendigen Bohrmaschinen sind in den großen fahrbaren Kränen beweglich eingehängt und werden elektrisch vor-, rück- und seitwärts bewegt, so daß sie in kürzester Frist über jeden beliebigen Punkt gebracht werden. Dabei werden die Löcher sofort in vorgeschriebener Größe gebohrt, jedes spätere Aufreiben entfällt also. Das Verfahren erleichtert ein genaues Aufeinanderpassen aller Bohrungen, und bietet Gewähr dafür, daß in Konstruktionen von innerer statischer Unbestimmtheit alle Stäbe spannungslos eingefügt werden können. Es bewährte sich ausgezeichnet beim freien Vorbau des großen Mittelbogens der Müngstener Brücke.

Die Zeichnungen und Textauszüge wurden der »Zeitschrift des VDI« J. (1900–1901) sowie dem Buch Mehrtens, Georg »Der deutsche Brückenbau im 19. Jh.« (Berlin 1900) entnommen.